自動運転の幻想

上岡直見

緑風出版

はしがき

米国のライト兄弟が一九〇三年に動力飛行に成功してから、一九四七年に同じく米国の実験機が初めて音速を突破するまでわずか四四年である。軍事的な要請が開発を後押しした背景があるが、一方で旅客機の分野でも同時期には一〇〇座席クラスの機種が登場している。これに比べると「自動運転」の進展はどうであろうか。米国のゼネラルモーターズ社は、一九三九年のニューヨーク世界博覧会に「自動化道路」として無線で自動車を誘導する未来都市のジオラマを出展したが、その後八〇年経っても実現していない。

三菱自動車は、一九九一年の東京モーターショーに道路の速度制限標識を読み取り車のスピードを制御する機能を備えたコンセプトカーを出展したが、この程度の機能でさえその後三〇年近く実現していない。二〇一五年には安倍首相が国際フォーラムで「二〇二〇年の東京には自動運転車がきっと走り回っている」[注1]とアピールしたが、実用化の見通しは全く立っていない。このように、センサーや情報処理の能力・小型化・低コスト化は日進月歩にもかかわらず自動運転が常に看板倒れで実現しないのには理由がある。

筆者は一九九六年に『クルマの不経済学』（北斗出版）を執筆し、「自動化」あるいは「知能化」された自動車による交通事故の防止は幻想に過ぎないことを指摘した。[注2] また不完全な自動運転車をあえて走行させるために歩行者・自転車の通行を規制せよとか、発信機の携帯を義務づけるなどの議論が登場する懸念を示した。筆者はこれを「電子の黄色い帽子」と呼んだが、そうした主張がいまインターネット上のコメントに登場している。これが意図的あるいは自然発生的に「世論」として拡大したとき、自動運転は本末転倒の方向に暴走するおそれがある。自動運転車に期待されている機能はドライバーの視点であり、歩行者・自転車の視点は乏しい。開発者は歩行者・自転車を走行の障害物としか認識していない。

自動運転は交通事故の防止、渋滞の緩和、タクシー・バス・トラックのドライバー不足解消、障害者や過疎地の住民の移動手段など、車にかかわるさまざまな問題や制約を解決する技術として期待が高まっている。しかしその一方で多くの負の側面が置き去りにされている。

自動運転車によって改善が期待されている多くの問題は、もともと過度に車に依存した社会がもたらした結果である。人の働きかた・住まいかた・地域のありかたに関する議論を伴わなければ車社会の問題は解決しない。池袋暴走事故（二〇一九年四月）を始め、道路逆走や建物への突入など全国的に高齢者の危険運転が指摘されている。しかしこれは、国民の大部分が運転免許を保有するようになった数十年前からすでに多くの人が懸念していた問題である。それにもかかわらず、この時期から全国的に公共交通の急速な縮小が始まり、車を使わざるをえない社会が形成された。今になって高齢者の免許返上など個人の問題に帰着する議論が高まっているが、交通政策・都市政策の誤りを是正しなければ本質的な解決は期待できない。もちろんこれらは一朝一夕には変えられないし、何が最適かという答も容易には見つからないだろう。しかしこれらの問題意識を持たずに「自動運転が社会を変える」というような皮相的な議論は有害無益である。それは、幹線道路が渋滞するので別の抜け道を見つけたと思ったら、他のドライバーも同じことを考えて抜け道もまた渋滞するようになったというレベルの議論にすぎない。

現在の自動運転をめぐる議論は、皆が勝手に自動運転の理想型を想定し、他人の負担で条件を整えてくれれば自動運転のメリットが享受できるという楽観論の寄せ集めにすぎない。「そこのけ、そこのけ、自動運転車が通る」の発想であり、「歩きスマホ」とよく似ている。便利で先進的な道具を使っている側に優先権があり、使っていない側が気をつければよいという発想である。たとえば自動運転の研究者は次のように述べている。

［高速道路等の］分合流では、自動運転車両同士であれば譲り合って合流することが可能ですが、自動運転車両と一般車両が混在している状況では、自動運転車両から一般の車両に対して譲ってほしい旨を発信する機能や、一般ドライバーへの啓発・周知も、これからは必要になると思います。[注3]

自動運転を走行させるために「一般ドライバー」の側が相手が自動運転かどうかを識別して別の行動を求められるようでは、本末転倒である上に混乱要因を増やして事故を誘発する可能性もある。かりに制度化したとしても、自動運転でない車に対しては制御機能はなく発信といっても単なる表示にすぎない。若葉マーク（初心運転者標識）・四つ葉マーク（高齢運転者標識）が特段の事故防止効果も確認されていないばかりか、流れを乱す迷惑ドライバーと認識されることと同じである。まして法的に「自動運転車保護・優先義務」等を規定すれば大きな反発を招くであろう。

　少なくとも現段階では交通事故の防止でさえも実用に耐えない。これまでの実験車の累積走行距離に対する死亡事故の件数の比率を、日本国内の自動車総走行距離にあてはめると年間七万人の死者に相当する。これでは「交通戦争」（第一次は一九五五〜六〇年代、第二次は一九七〇年代以降）を桁ちがいに上回り、「第三次交通戦争」が勃発してしまう。自動運転車の開発を主導している企業には、世界中の情報と金融を独占的に支配するグローバル企業として指摘された「ＧＡＦＡ《ガーファ》」[注4]のうち二社が関与している。ニュースで自動運転に関する記事を見かけない日はないが、ビジネスの観点が先行しており、交通事故の防止などは口実にすぎないのではないか。

　技術の発展は必ずしも社会全体の幸福を増進しない。カーナビゲーションが登場した当初は精度が低く、東京都港区六本木から東京駅八重洲口を経由して千代田区秋葉原までわずか六kmのルートで試験したところ、すぐに経路の表示がずれ始めディスプレイ上では皇居を横断して走ったという。[注5]現在は精度が向上し、他のさまざまな情報や機能との結合も実現した。しかし抜け道探索システムとの結合により、最短経路を求めて住宅街の細い道にまで強引に誘導するソフトも使われている。これは誰のために役立っているのだろうか。

　真空管がトランジスタに変わり、さらにＩＣ（集積回路）に変わってさまざまな電子機器や商品が実用化され、かつては夢とされた機能が誰でも利用できるようになった。しかし自動運転とはそのような発達過程とは全く異なる位置に存在している。

本書で指摘する様々な問題が、技術の進歩によって本当に解消する見通しがあるなら自動運転は歓迎できる。しかし車が持つ本質的な問題点は、いかに技術が進歩しても解決されない。電気自動車（EV）の広告では「エンジン車なみの性能と使い勝手」をアピールしている。現実の車社会に参入するにはそうせざるをえないからだ。自動運転車に関しても、普及させるには機能や使いかたを現実の車社会に（悪い面でも）合わせざるをえない。だとすれば現状の車社会のさまざまな課題の画期的な改善は期待できないだろう。現状では無責任な楽観論が先行しているが、車が「安心」して走れるようにするための自動運転では、歩行者や自転車に負担がしわ寄せされるばかりであるし、本質的な交通事故防止効果はないだろう。自動運転に関する技術がいかに進歩しても、最終的な安全は人間に依存せざるをえないからである。いま語られている自動運転への期待を率直に評価すれば、車の利便性を享受しながら負の側面は他者に転嫁したいという欲求の表れにすぎない。

もとより技術開発では、意図的に高い目標を設定してそれに到達するように努力することは当然であろう。しかしその手法が常に成功するとはかぎらない。一九五〇年代に原子力が「夢のエネルギー」と称揚された時期には、原子力商船・原子力飛行機・原子力自動車など移動体にも応用する構想が提示され、いくつかは試作まで行われた。[注6] しかし実用化されたのは大型の軍用艦だけである。このころ「社会的費用」の概念の整理で知られる米国の経済学者K・W・カップは、原子力はわずかな燃料で大きなエネルギーを得られるとしても、放射線の遮蔽のために重い防護壁を必要とするから陸上交通への応用は実現性はなかろうと看破している。[注7]

本書では次のような手順で自動運転車を考える。

第一章では、自動運転の現状と問題点を考えるため、自動運転の開発の歴史と現状、技術的な基本事項を整理する。また自動運転に不可欠な技術であるＡＩ（人工知能）の概要を解説する。そして自動運転について検討すべき課題、言いかえれば自動運転の障壁を指摘する。

第二章では、その障壁について個別に詳述する。いま人間が行っている判断を機械（ＡＩ）が代替できるのか、法律との整合性や責任はどうなるか、社会的に受容されるのかなどである。

第三章では、自動運転のテーマの中でも第一に挙げられる交通事故の防止を取り上げる。「人間はミスを犯すから機械に置きかえれば安全だ」という短絡的な発想でなく、交通事故はなぜ起きるのか、事故に人間はどう関わるのか、現実の日本の交通状況に立ち返って考える。

第四章では、かりに自動運転が技術的に実現したとしても、現実の社会状況の中で適用できる範囲はどのくらいあるのかを検討する。

第五章では、自動運転および並行して進展すると思われる電気自動車（ＥＶ）の増加が自動車産業にどのような影響を及ぼすか、その一方でエネルギー・資源問題とどのような関わりを持つかを検討する。

なお本書では他の文献・資料の引用に際して正確を期したことはもちろんであるが、横書きの文献の引用に際して数字表記を和文式に修正したり、技術的な単位を片仮名書きに変更するなど便宜的な統一を施している箇所があることをご了解いただきたい。また法律・政省令その他の公文書は、最新の正文がインターネット等で容易に参照できるので出典の記載を省略した部分がある。

注

注1 「安倍晋三首相 東京五輪までに『自動運転車』普及 科学技術のフォーラムで」『産経新聞』二〇一五年一〇月四日
注2 上岡直見『クルマの不経済学』北斗出版、一九九六年、一四一頁
注3 座談会「自動運転と交通工学の将来」『交通工学』五四巻一号、二〇一九年、九頁・塩見康博発言
注4 グーグル（Google）・アップル（Apple）・フェイスブック（Facebook）・アマゾン（Amazon）の頭文字からGAFAと呼ばれる。
注5 堀井志郎ほか「交通渋滞の改善に貢献する車載情報通信システム」『日立評論』一九九五年二月号、四七頁
注6 米空軍の大型爆撃機に試験用原子炉を搭載して飛行中に運転した事例があるが、実用化の見込みはなく一九五七年に放棄された。
注7 K・W・カップ、篠原泰三訳『私的企業と社会的費用』岩波書店、一九五九年、一二一頁。

目次

自動運転の幻想

第三章　自動運転車と交通事故　85

第四章　人と物の動きから考える　125

第五章　経済とエネルギー　179

第一章　自動運転の基本事項

自動運転に関する基本事項

日本では一般に「自動運転」という用語が用いられるが、英語では「Automonous Driving」という呼び方が多くみられる。「Automatic」でなくあえて「Automonous（自律的）」と称する理由は、ドライバーが関与しないという意味とともに、道路側（外部）からの情報提供や支援に依存せず車の側だけで機能を完結することを理想としているからであろう。ことに米国では道路側のインフラを広大な国土全体にわたって整備することは困難という背景もある。日本語で「自律運転」という訳語もみられるが、あまり広く使われておらず技術関係での使用にとどまっているようである。一方で英語では「Driverless Vehicle（ドライバーなし車）」という用語もみられ、この場合は人間が運転しない（必要がない）という機能に注目している。「ドライバーなし車」の中でも概念は分かれる。一つはいわゆるマイカーとして使う場合に自分で運転しなくてもよいという機能であるが、もう一つはバスやタクシーなどもともと利用者が自分で運転しない交通手段におけるドライバーを機械が代替する機能である。前者は必要に応じて、あるいは意図的にドライバー自身でも運転できる機能が必要となるであろう。また後者では、自分で運転しない点では同じであっても乗務員がいるかいないかの意味の差は大きい。

このように異なる概念が混在していることから、自動運転に関する都合のよい要素だけを集めた幻想が横行している。なお自動運転に関しては情報処理技術に関する用語が多用される。主な語句は本文中で解説しながら使用するが、巻末の一覧表を併せて参照していただきたい。

車を自動運転する構想は古くからあり、一九三九～四〇年のニューヨーク万国博覧会にGM（ゼネラルモーターズ）社が未来都市の模型を出展した。その中で「自動化道路（Automated Highway）」を提案し、無線で自動車を誘導するシステムを提案している。なお英語のHighwayは日本語の高速道路とは対応せず、「街路」の対義語として幹線道路全般を意味する。GMのシステムは、車自体が自律的に動くのではなく道路側に誘導機能を持たせる発想が主であった。付言すると会期中にドイツがポーランドに侵攻して第二次世界大戦が始まった。この時の展示はコンセプトのみであるが、一九五〇年代には自動運転の具体的な開発が再開された。

これ以降の開発は次のとおりである。[注1] 一九五〇～六〇年代には、米国・英国等において、道路側に誘導ケーブルを埋設し、そこからの偏差（ずれ）を検出して車線を維持する技術が検討された。しかしこれだけでは道路側の設備の費用が莫大になるとともに、直進はできても車線変更や車間距離維持などの機能はない。ただし路線バスについては、バリアフリーの観点から停留所に精密に停車させる目的で局所的には実用化された。

一九七〇～八〇年代には、カメラ画像をコンピュータ処理する機能が登場し、道路側の設備に依存せず車両側の自律機能で走行する方式が試みられた。しかし当時は電子機器や情報処理機器の能力が十分ではなく、装置一式がバス一台を占有するような状態で乗用車への搭載は困難であった。

一九九〇年代には、道路側からの情報発信と車両側の自律機能を結合し、道路側の設備の費用を節減しつつ車両側の自律走行が試みられ、実路走行試験も開始されたが、実用車への適用はまだ無理であった。また、東西冷戦の終結により余剰となった軍事関連の開発要員や資金の転用先という位置づけもあった。

二〇〇〇年代になると、デジタルカメラ・レーザー・レーダーなどセンサー関連の発展や、GPS（全地球測位システム）など情報ネットワークの発展があり、ある程度の自律走行が可能となって公道走行試験が開始された。同時期に米国では政府機関の主導（後述）で軍事及び市街地向けの用途で技術競争試験が実施された。

この年代までは人間が主で、システムは人間を補助する従の立場であったが、二〇一〇年代になると役割が逆転してシステムが主、人間が従の位置づけになってくる。AI（人工知能）など情報処理部分の機能がいっそう重要となり、グーグル・アップル等のIT産業の参入がみられるようになった。

日本の技術開発の経緯

日本でもおおむね米欧の動きを追った開発が行なわれてきたが、日本でのこの分野の開発過程を検討すると、交通事故の防止というテーマに反対の余地はないものの、開発の方向性が根本から的外れである。自動車関係者の中には「事故は人間の起こすものであるので、完全に人間を運転から開放しないかぎり、事故を皆無にすることはできない。しかし、人間から運転の楽しみを奪い去ることも正しい技術の進化の道とは考えられない。われわれ技術者の選ぶ道としては、現状の車の使い方を肯定しながら、運動神経の支援技術、知覚・判断の支援技術を有効に使うシステム構想を進め、現実的にアクティブセイフティーにもっとも貢献できると思われる技術から世の中に出していくことと思われる」[注2]という者もいる。

しかし「正しい技術の進化」の開発内容は車両対車両・ドライバーの安全への関心に偏っており、歩行者・自転車への関心がきわめて乏しい。むしろ歩行者・自転車を自動運転の障害物とみなしている。こうした発想の下で安易な機械信仰・AI信仰に依拠して公道走行が拡大してゆくと、特に歩行者・自転車に対してはむしろ新たな危険性が発生する。それどころか自動運転車の普及のために歩行者・自転車の行動を制限する論説が登場してくる。

バブル経済（一般に一九八六〜九一年を指す）の頃、車のパワー・スピード指向が強まり、いったん沈静化の傾向にあった交通事故死者数が再び急増していた。メーカーに対して速度性能の規制を求める市民運動も行われ、それに配慮を示したためか一九九一年の東京モーターショーでは三菱自動車が、道路の速度制限標識を読み取り自動的にそれ以上スピードが出ないようにする安全機能を備えたコンセプトカーのHSR—Ⅲを出展した。[注3]しかしそれからおよそ三〇年後、当時と比較すると携帯電話（スマートフォン）やインターネットなど情報・通信の分野で格段の進歩と低価格化が実現したのに、標識を読み取り自動的に速度を制御するといった、一見単純な安全機能すら全く実用化されていない。第二章で指摘するように、これには技術的な制約ではなく本質的な障壁が存在するのだが、それに気づかなかったのか、あるいは知りながらリップサービスとして付け加えたに過ぎないのであろうか。

同時期に運輸省（現国土交通省）により先進安全自動車（ASV）のプロジェクトが開始された。当時はまだ自動運転との関連はなくドライバーの支援が主目的であった。[注4]一九九一年から九五年までの「第一期ASV推進計画」から始まって五年ごとに開発テーマを更新し、現状では「第六期」が継続中である。ここで、新技術により交通事故を低減する発想自体は妥当であるとしても、「第一期」から現在までの一連の開発テーマを通覧すると、基本的な視点が「ドライバーの安全」であって、歩行者（自転車）の安全は相対的に軽視されてきた偏りがみられる。テーマごとの死者数低減効果の期待値[注5]でも、歩行者（自転車）に関する死者数低減効果は、ドライバーに対するそれよりも低い。

当時は自動運転までは掲げず運転支援が目的であったが、中には現在の自動運転で期待されている機能が一部挙げられている。しかし現時点では、実験的にはともかく一般ユーザーが市販車の装備として利用できる実用的な機能は、高速道路における先行車追従と車線維持機能、限られた条件でのブレーキ補助ていどであり、ほとんどの項目が画餅に終わっている。

高速道路だけを走行するドライバーは存在せず、必ず歩行者・自転車と混在した一般道・生活道路から出発し帰着するはずである。統計によると自動車の総走行距離の九割は一般道路、つまり何らかの形で歩行者や自転車との混在がありうる条件の下での走行である。[注6]ところがＡＳＶや自動運転の開発では、交差点もなく歩行者も自転車も通行しない高速道路に天から車が舞い降りたような状況から議論が始まり、交差点・歩行者・自転車などへの対応は付加的・例外的要素として機能を加えてゆく方針が採られている。これではシステムの基本的な機能が車中心となり、歩行者・自転車は自動運転の障害物と位置づけられることは当然である。

ＡＳＶと自動運転には共通する技術もあるが、現在市販されているＡＳＶに相当する車は「運転操作を部分的に自動化する技術を搭載した車両（国交省の用語）」であり、「運転操作の全てを自動化する技術を搭載した車両」ではない。現状のＡＳＶの機能をあたかも自動運転であるかのように過信して事故が誘発される可能性があり、ＡＳＶプロジェクトでは「運転自動化技術レベル1およびレベル2の車両に対する誤解防止のための方策について[注7]」との資料を提示して注意を喚起している。自動運転のレベルの定義（二四頁以下参照）は後述するが、「レベル1」および「2」に相当する車を「運転支援車」と定義している。資料には「運転者は機能の限界を正しく理解し、安全運転を行う必要があります。また、メーカーや販売店等もこの旨説明を行っていくこととします」と記載されている。

自動運転とＡＩ

自動運転ではセンサーやＡＩ（人工知能、Artificial Intelligence）などの情報処理技術が鍵となる。ＡＩ以前のコンピュータ（プロセッサ）は設計者が作成したプログラムに従って動作する「計算機」に過ぎなかった。あらかじめ人間の設計者がルール（手順）とパラメータ（判断の条件）をプログラムとして組み込んでおく必要がある。「条件がイエスならばこの動作をせよ、ノーならばその逆」等の手順がルールの要素であり、イエスかノーを判定する条件、たとえば速度が時速○○km以上か、対象物との距離が○○m以上かなどがパラメータである。

一九五〇～六〇年代には、人間の認識・判断など脳の機能が神経細胞（ニューロン）のネットワークによって行われていることが注目され、それを機械（コンピュータ）で模倣した「人工知能」という用語が誕生した。この時点では自動運転とはまだ結びついていない。一九七〇～八〇年代には、コンピュータによる推論・探索があるていど可能となるが、まだ機能は限定的であった。一九九〇年代には、人間の専門家の判断・推論を模倣することが可能となり、ゲームでコンピュータが人間に勝つ事例が出現する。二〇〇〇年代になるとインターネットが普及してＡＩと結び付き、音声認識や検索システム等が実用化された。二〇一〇年代になると、ゲームで人間のトップクラスが相手でも高い確率で勝つなどさらに能力が向上した。現時点ではまだ人間の補助ではあるがビジネスで実務に使われるようになり、自動運転にも不可欠の技術となっている。

自動運転に関しては、ことに歩行者・自転車・その他の放置物などが混在する一般道や街路において、路上で起こりうる現象と無数に枝分かれする条件を設計者があらかじめ制御システムに組み込んでおくことは不可能である。ゲームで「コンピュータが名人に勝った」等の事例が報告されるが、伝統的なプログラミングの手法だけでは、設計者が名人より強くなければ勝つことができないし、過去の膨大な事例（囲碁や将棋でいう棋譜）をデータとして蓄積している必要があり、それを職業とする名人を上回ることは困難であった。

そこで機械自身に「学習」させる機能が求められるようになった。ただし機械が一足飛びに学習機能を獲得することはできない。たとえば任意の画像の中から「人間がいる」ことを自動認識しようとする場合、何が映っているかわからない画像から手がかりもなしに人間を認識することはできない。そこで一つの方法として、あらかじめ設計者が「人間というものは、こういう要素（頭・胴体・手足）が、このような位置や大きさで構成されている」という指針を与えておく方法がある。このとき多数の人の姿の画像を集めて模範解答を作っておくことが「学習」の一つの方式である。しかしこれでは模範解答を作ること自体が人間の能力に制約される。前述のような一般道において起こりうる無数の状況に対応するには、模範解答なしに多数の画像を処理してその中から類似のものをグループ化できる機能が求められる。こうした機能を総合して、現在重視されているのは「深層学習（ディープラーニング）」の技術である。

「深層」とは、ＡＩによる判断をより綿密に行うことができるという意味である。人間が運転する場合、たとえば視覚（入力）から信号機の灯火の色を識別し、その結果でアクセルやブレーキを足で操作する指令（出力）を発生させる。入力と出力の間を結ぶのは脳内の神経細胞（ニューロン）であるが、その過程をコンピュータで置きかえてニューロンを模倣した働きをするのがＡＩである。しかしセンサーで捉えた画像から信号機を見つけ出してその色を判別しようとすると、まず画像のどの部分が信号なのかを抽出するだけでも容易ではない。脳内では多数のニューロンがネットワークを構成して複雑な処理を行っていると考えられる。これをＡＩで代替する場合、初期のＡＩはその構成が数段階（層）ていどしか実現できなかったが、現在は数百段階でも処理できるようになり、これが「深層」と呼ばれる意味である。この深層学習を機能させるためには大量の事例データ（ビッグデータ）が必要となる。自動運転の分野では一般に数ペタ（一〇〇〇兆）バイトのサイズとなる。各メーカーは試験車の公道走行により事例データを集積しているが、市販車が登場すればその走行を通じてさらにデータを集積することになる。

これまでもデジタルカメラや携帯（スマートフォン）カメラで画像の中から人の顔を見つけ出して焦点や露出を合わせる用途などにＡＩは実用化されている。ただしそのていどの機能ならば検出に失敗したところで人命にかかわるわけではないが、自動運転となると簡単には実用化できない。「荷物を持った人間」「自転車に乗った人間」「車いす使用者」のように無数の変型に対応が必要となる。二〇一八年三月の米カリフォルニア州におけるテスラ社の歩行者死亡事故の被害者は自転車を押した人間であった。制御システムがこれをどのように認識したのかも問われている。もし車が一〇〇km／時の速度であれば一秒で三〇m近く進んでしまうので、判断が正しいかどうかだけでなく、センサーで画像を捉えてから判断するまでの処理速度も重要である。

判断の基準を「甘く（広く）」しておくと、人間ではない物体を人間と認識して必要なく車を停めてしまうかもしれない。日本では路上の至る所に「工事中ご協力お願いします」など人の形をしたイラストが見られる。逆に判断の基準を「厳しく（狭く）」しておけば、類型から外れた画像は人間と認識しないかもしれない。これは車の運転からみれば危険側の判断になる。標識を読み取る等の機能も必要となるが、これも日本では路上の至るところに立看板や広告・幟が散在している。人間ならば、その中からいずれが運転にかかわる規制や注意なのか、関係ない情報なのかを瞬時に選別できるが、ＡＩでは容易ではない。

自動運転の「レベル」

既存の車から一足飛びに完全自動運転の実現は困難であるため、段階を追って機能を追加してゆく考え方が採用されている。言いかえると人間の役割のうちシステムが肩代わりする役割を段階的に増やしてゆく考え方である。人間とシステムがどの範囲を分担するかによって、以前は複数の研究機関から異なるレベル分けが提案されていたが、現在はおおむね国際的に共通認識ができている。自動機能のない在来車を「レベル０」として、完全自動運転（すべての局面で人間が関与しなくてもよい）を「レベル５」としている。

「レベル5」になると完全自動（無人）運転として、当該の車両の運転資格を有する人間の同乗を必要としない、あるいは飲酒・睡眠等が可能とも考えられるが、これには異なる見解もあり後述する。日本では表1―1に示すように「自動車技術会」のJASOテクニカルペーパー「自動車用運転自動化システムのレベル分類および定義」[注8]でまとめられている。日本では国土交通省では二〇一八年九月に「自動運転車の安全技術ガイドライン」[注9]を公表している。日本では「レベル3」では「スマートフォンを見ながら」も容認するとの閣議決定が報じられた。[注10]ただし第二章の人と機械の分担の項で論じるようにこれは容認できない危険を招くものであり、安易な決定は撤回される必要がある。

表ではわかりにくい表現もあるので簡約すると次のとおりである。DDT（動的運転タスク）とは、表1―1にあるとおり運転中にリアルタイムで行う必要があるすべての運転にかかわる行為である。在来車のドライバーが行っている動作であり、進行方向や周囲を注視し、必要に応じて操舵（ステアリング）・加減速（アクセル・ブレーキ）をコントロールする動作である。細かいところでは法令に従って方向指示器や灯火の操作もある。

「レベル1」では、車間距離の維持または車線の維持が自動的に行われるが、それはドライバーの補助（使うか使わないかはドライバーの任意）に過ぎず、監視と操作は全面的にドライバーに責任がある。「レベル2」では、車間距離の維持および車線の維持が自動的に行われ、システムが正常に動作中であればドライバーは関与しなくてもよいが、制御システムが対応できなくなった場合の操作はドライバー側に要求される。

このレベルまでは、部分的な自動化はあるもののドライバーが主、システムが従となるが、「レベ

表1―1　自動運転のレベルと定義

レベル	名称	定義（口語表現）	動的運転タスク（DDT） 持続的な横・縦の車両運動制御	動的運転タスク（DDT） 対象物・事象の検知及び応答	動的運転タスクの作動継続が困難な場合への応答	限定領域（ODD）
運転者が一部又は全ての動的運転タスクを実行						
0	運転自動化なし	運転者が全ての動的運転タスクを実行。（予防安全システムによって支援されている場合も含む）。	運転者	運転者	運転者	適用外
1	運転支援	運転自動化システムが動的運転タスクの縦方向又は横方向のいずれか（両方同時ではない）の車両運動制御のサブタスクを特定の限定領域において持続的に実行。この際、運転者は残りの動的運転タスクを実行する事が期待される。	運転者とシステム	運転者	運転者	限定的
2	部分運転自動化	運転自動化システムが動的運転タスクの縦方向及び横方向両方の車両運動制御のサブタスクを特定の限定領域において持続的に実行。この際、運転者は動的運転タスクのサブタスクである対象物・事象の検知及び応答を完了し、システムを監督する事が期待される。	システム	運転者	運転者	限定的
自動運転システムが（作動時は）全ての動的運転タスクを実行						

3	条件付運転自動化	運転自動化システムが全ての動的運転タスクを限定領域において持続的に実行。この際、作動継続が困難な場合への応答準備ができている利用者は、他の車両のシステムにおける動的運転タスク実行システムに関連するシステム故障だけでなく、自動運転システムが出した介入の要求を受け容れ、適切に応答することが期待される。	システム	システム	作動継続が困難な場合への応答準備ができている利用者（代替中ドライバーになる）	限定的
4	高度運転自動化	運転自動化システムが全ての動的運転タスク及び作動継続が困難な場合への応答を限定領域において持続的に実行。作動継続が困難な場合、利用者が介入の要求に応答することは期待されない。	システム	システム	システム	限定的
5	完全運転自動化	運転自動化システムが全ての動的運転タスク及び作動継続が困難な場合への応答を持続的かつ無制限に（すなわち、限定領域内ではない）実行。作動継続が困難な場合、利用者が介入の要求に応答することは期待されない。	システム	システム	システム	限定なし

ル３」からはシステムが主、ドライバーが従となる。「レベル３」では、自動運転が可能な条件が成立しているかぎりは、操舵（ステアリング）・加減速（アクセル・ブレーキ）など運転に必要な操作はシステムが担当しドライバーは関与しない。条件が成立しない場合にはシステムから警告が出されドライバーが制御を代わる必要がある。ただし条件が成立しない、あるいはシステムが判断できない状況はいつ起きるかわからないので、ドライバーは常に運転を代われる状態で待機していなければならない。これに起因する重要な問題は後述する。

「レベル４」では、全ての必要な操作をシステムが担当しドライバーは対応する必要がない。ただしＯＤＤ（限定領域・Operational Design Domain）という制約がある。これは、システム提供者が「この条件ならば人間の介入を要さず自動運転できる」と設定した条件が成立しているエリア、または状況である。

しかしどのような条件がそれに該当するのかについて共通の規格や基準はなく、システム提供者が恣意的に設定する条件である。このため条件が成立しないエリアにまたがって走行したり、成立しない状況が出現した場合には自動運転はできなくなる。もちろん各メーカーはＯＤＤの制約を解消するように次々と開発・改良を行ってゆくであろうが、これは逆にドライバーの混乱を招き事故の原因になりうる。

「レベル５」になると、どのような場所でも、いかなる状況でもドライバーが介入する必要がない完全自動運転である。すなわち人間が乗っていてもドライバーという役割がない。鉄道やバスに乗っている状態、あるいはタクシーのドライバーが人間でなくＡＩであるという位置づけになる。ただしそれで議論が終結するかというとそうは行かない。たとえば事故・災害時の対応を考えると「レベル5」でも人間が直接操作する手段を設けなくてもよいかという検討も必要となる。これは第二章で後述する。

どのようなレベルでもシステムの異常をゼロにすることはできず人間の介入が必要となる局面が避けられない。公道走行では歩行者・自転車との混在、路上の放置物など多くの解決困難な問題がある。現時点でも、バスの自動運転実験で路側からはみ出した樹木を障害物と認識して停止し、ドライバーの介入を必要としたトラブルが発生している。この事例では実験中としてドライバーが添乗していたため手動に切り替えて回避したが、実際に無人運転であればどのように対処するのだろうか。安全上、疑わしい状態を検知したら停止する設定にしておけば安全側ではあるが、そこから正常状態に復帰するには複雑な問題が生じる。

ことにバスなど大型の無人運転車がトラブルで停止した場合、管理センターのような場所から救援要員が派遣されるまで車線上で停止したまま待つのだろうか。「路側に寄せる」といった程度の対処であっても無免許あるいは普通免許だけの乗客が大型車を操作することは無理だろう。いずれかの場所に、その車両を運転可能な資格を持つ要員が待機しなければならない。「レベル4」までは結局のところ、その車両を運転可能な資格を持つドライバーの添乗を必要とするし、「レベル5」であっても人が介在しない完全自動運転を実現するには相当な障壁がある。

運転機能に制約がある人、たとえば七五歳以上で免許更新時の検査をクリアできなかった高齢者がひき続き車による移動の自由を行使するためには「レベル5」が必要である。こうした人々は「レベル３」ていどの自動運転、すなわち高速道路上での自動運転が技術的に可能になったとしても高速道路を走行することは不可能であろう。「レベル３」では自宅からインターチェンジまで行けないのだから。自動運転に過度の期待を抱くことはできない。

自動運転と軍事

自動運転の開発過程は軍事技術との結びつきも強い。ことに米国において軍用車両の技術開発として進展してきた経緯があり、当初は冷戦の終結に伴う軍需産業の余剰資源活用先の経緯も指摘されていた。各国で開催される兵器見本市では、実用兵器から概念だけの模型までレベルはさまざまであるが、多くの無人車両が展示されている。今世紀に入ってからは米国のＤＡＲＰＡ《ダーパ》（国防高等研究計画局）が自動運転の基本的な技術開発に主導的な役割を果たした。ＤＡＲＰＡとは米国国防総省に属し、軍事技術の開発・研究を行う機関である。米国の四軍（陸・海・空・海兵）やＣＩＡ（中央情報局）とは名目的には独立しているが、開発した技術の使いみちは軍事目的であることには変わりない。時にはＳＦ的ともいえる新技術を開発している。どのような活動をしてきたかは資料を参照していただきたい。[注11] 現在のカーナビゲーションに不可欠となった技術であるＧＰＳ（全地球測位システム・Global Positioning System、および同じ略号でそれに使われる人工衛星Global Positioning Satelliteのことも指す）の開発で知られている。ＧＰＳは地球上のどこにいても外部からの援助なしに自分の位置を精密かつ瞬時に特定することを目的として開発され、軍事的にもきわめて重要な技術であるが、現在は民生用としても多方面で利用されており自動運転とも関連が深い。

米軍は自動運転に強い関心を示している。軍事と自動化技術の関連としては、すでに運用されている無人偵察・攻撃機や、実用性は未知ながら「ロボット兵士」を連想するかもしれないが、もう一つ現実的で重要な用途がある。現代の戦争では作戦遂行のために大量の物資・燃料の補給すなわち兵站を必要とする。湾岸戦争（一九九一年一月〜二月）では物量を誇る米軍でさえ戦車部隊が燃料切れで立往生したことがある。[注12]

すなわち逆にみれば相手側の戦闘力を減殺するには兵站を妨害すればよい。米国防省の高官によると戦闘地域での米軍人の死傷者の半分以上は兵站に関連する任務によるものという。[注13]米国の場合、陸軍全体では戦闘要員六万人に対して支援要員は四七万人であるという。[注14]兵站に従事する部隊は戦闘部隊のように強力な武器を装備していない。米軍に比べて装備の質・量が劣る相手側にしてみれば、防御の弱い部分を標的にしたほうが効果的である。このため兵站部門は敵に狙われやすく脆弱な状況にある。自動（無人）運転車の導入により死傷者（ただし米軍の）を大きく減らすことが期待されているという。かりに自動運転に起因する第三者の人的被害が出ても米国内ほど文句を言われないという打算もあるだろう。

自動運転の議論からは逸れるが、日本で一九九九年五月に「周辺事態法（二〇一五年に「重要影響事態法」[注15]に改称）」が成立した。この法律は米軍等に対する後方支援活動等を行うことにより日米安保条約の効果的な運用に寄与することが目的であると説明されている。「後方支援」とはまさに兵站業務であることに注意する必要がある。米軍人の被害を減らす方策としてより安上がりの手段が求められている。日本は先進国の中でも人間の命が安い国である。ちなみに太平洋戦争当時、米軍は正面戦闘と並行して潜水艦による輸送船への攻撃など日本軍の兵站を徹底的に妨害した。調査によると一九四二〜四三年のガダルカナル島攻防戦では、日本から送出した補給物資のうち前線には一割ていどしか到達しなかったという。[注16]

ＤＡＲＰＡ自体はそれほど大きい組織ではなく直営の開発部門は保有していない。軍事技術の鍵となる開発のための投資の管理機構であり、実際の開発・研究にあたっては技術競争方式（いわゆる「コンペ」）を採用する。自動運転については二〇〇四年・二〇〇五年・二〇〇七年と三回にわたり技術競技会を開催し、大学や企業のチームが参加した。特に二〇〇七年の競技会では、軍の敷地に大規模な模擬市街地を作り、交通規則を順守しながら、同時に走り回っている他の車両や障害物に対応したり、歩行者に見立てた人形が飛び出すなどの支障も回避することが求められた。競技会の様子はＤＡＲＰＡの動画で公開されている。[注17]各車両は大がかりな計測器を搭載したものが多く市販にはまだ遠い印象を受けたが、電子機器の小型化・高性能化は時間の問題なので支障にはならないであろう。ここに参加した大学や企業のチームとその技術者が現在の自動運転の技術を牽引する核となっている。[注18]またＤＡＲＰＡは「グラウンド・チャレンジ」という不整地走行の技術競技会も行っている。[注19]この競技会は近年の米軍の主な活動地域を連想させる砂漠・山岳地帯で行われ、軍事との関連をより強く感じさせる。

中国も自動運転に関して国家プロジェクトを推進している。北京の南約一〇〇㎞に「雄安新区」という特区を建設している。[注20]深圳経済特区・上海浦東新区と同様の国家特区であり、北京の過密化の緩和のために政治機能以外の首都移転を目的としているが、自然と調和した環境配慮都市の建設と、都市内の乗用車・貨物車ともすべて自動運転車とする実験都市とされており、自動運転開発企業の一つである百度《バイドゥ》なども ここで試験走行を行っている。ただし米国におけるＤＡＲＰＡの関与から類推すれば何らかの軍事技術との関連も有している可能性があるだろう。もっとも中国では、特区での実験が成立したとしても、歩行者の集団信号無視が常態となっている現実の都市内で自動運転が機能するかどうかは疑問であるが。

このように軍事的なニーズとビジネスが結びつく背景に加えて、自動運転ではハードウェアの技術よりも情報処理技術が要となるためＩＴ産業の参入が注目されている。現状では自動運転の公道走行試験の実績はグーグル系が圧倒しアップルが三位と報道されている（ただし米国カリフォルニア州での統計[注21]）。一方で、国レベルでこうした大規模な関与を行っていない日本やドイツは大きく出遅れた形になっている。日本の国家戦略特区「スーパーシティ構想[注22]」では自動運転車を項目に挙げているが現時点では具体的にスタートしていない。なおこのスーパーシティ構想に関する「有識者懇談会」の座長は竹中平蔵である。

自動運転の課題

本書では前述のような自動運転の歴史や現状に照らして第二章以降で様々な課題を指摘する。これらが解消あるいは対処の明確な方針が示されないかぎり、表１―１に示す「レベル３」以降、すなわちシステムが主体となる公道走行は容認できない。

第一に、センサーやAIによる認識や判断の機能そのものがまだ十分ではない。人間ならば容易に認識できるはずの他の車両・人（自転車）・路上の支障物などに対処できず、そのまま直撃して死亡事故に至った事例が複数発生している。

第二に、どのような場合にどのような操作をすれば最適かというロジックが確定できない。たとえば車内（搭乗者）と車外の人間の安全を選ばなければならない状況で、いずれを優先するかの問題である。

第三に、表1―1に示す「レベル4」まではシステムの制御で対応できず人間が担当する操作が残る。ことに自動制御で運転されていてドライバーの意識が運転から遠ざかっているときに急にシステムから交替を求められ、制御の受け渡しを円滑かつ瞬時に行うことが可能であろうか。実際にこれに起因する死亡事故が発生している。

第四に、大量のデータの処理や通信が実際に可能なのか、通信速度の低下や故意の妨害などに対応できるのか等の問題である。

第五に、公道を走行しているすべての車両を一斉に自動運転車に置き換えることが不可能である以上は、自動運転車と他の交通（非自動車両・歩行者や自転車）との意思疎通が必要である。しかしこれは他の交通に負担を強要する結果になる。

第六に、自動運転車のAIが機能するためには大量のデータ（ビッグデータ）の収集が必要であるが、それらの目的外使用などセキュリティが保たれるのかの懸念である。

第七に、自動運転車が事故を起こした場合の法的（刑事・民事とも）の責任が明確にされていない。現行の自動車・道路関係の法律は自動運転を全く想定していない。しかもＡＩによる制御では、ある判断に至った過程が再現できない「ブラックボックス問題（後述）」が指摘されている。いわば「ＡＩによるひき逃げ」に誰も責任を負わない事態が発生する。

第八に、自動運転が社会的に受容される条件は何かである。自動運転のレベルが上がるほど、利用者にとっては鉄道など公共交通の利用に近い位置づけ（安全は他者に依存する）になる。その場合に許容される安全（逆にいえばリスク）のレベルはどれほどかという問題がある。

こうした課題の検討なしに「自動運転が社会を変える」等の安易な期待により自動運転車の開発・導入を進めてゆけば、考えられる結末は二つである。一つは、自動運転により交通事故の防止や渋滞の緩和を目ざしたはずなのに逆効果をもたらし、あるいは他の非自動車両・歩行者や自転車に余計な負担を求める影響である。もう一つは、導入の過程でそうした問題の続発により行き詰まり、膨大な投資を開発無駄にしたあげく頓挫する結果である。本書の指摘により自動運転をめぐる課題が解決可能かどうかを冷静に判断していただきたい。

注

注１　津川定之「自動運転技術の発展」『国際交通安全学会誌』四〇巻二号、二〇一五年、八二頁

注２　『日本機械学会誌』特集「これからの『乗る・運ぶ』技術―地上から宇宙まで」２・自動車（藤井治樹担当）、

一〇〇巻九四二号、一九九七年、五三頁

注3　若宮紀章「第二次交通戦争と自動車の安全性向上」『環境と公害』二二巻二号、一九九二年、五四頁

注4　国土交通省「先進安全自動車」
http://www.mlit.go.jp/jidosha/anzen/01asv/index.html

注5　宮嵜拓郎「先進安全自動車（ＡＳＶ）の開発推進計画の概要」『計測と制御』三六巻三号、一九九七年、一六五頁

注6　「一般交通量調査集計表」http://www.mlit.go.jp/road/census/h27/index.html および「自動車燃料消費量統計年報」http://www.mlit.go.jp/k-toukei/22/annual/index.pdf

注7　国土交通省「運転自動化技術レベル1およびレベル2の車両に対する誤解防止のための方策について」http://www.mlit.go.jp/jidosha/anzen/01asv/resourse/data/level1.pdf

注8　自動車技術会テクニカルペーパー「自動車用運転自動化システムのレベル分類および定義」http://www.jsae.or.jp/08std/data/DrivingAutomation/jaso_tp18004-18.pdf

注9　http://www.mlit.go.jp/common/001253665.pdf

注10　『日経新聞』二〇一九年三月八日
https://www.nikkei.com/article/DGXMZO42181520X00C19A3MM0000/?nf=1

注11　ＤＡＲＰＡの実態・活動を扱った書籍はいくつかあるが、一例としてアニー・ジェイコブセン、加藤万里子訳『ペンタゴンの頭脳 世界を動かす軍事科学機関ＤＡＲＰＡ』太田出版、二〇一七年

注12　軍事情報研究会「メディナ尾根の戦い 燃料切れに陥った『戦車の砲列』」『軍事研究』二〇〇九年八月号、一二三頁

注13　「ＮＥＷＳＰＩＣＫＳ」二〇一八年五月一四日「米国防総省が自動運転車の開発を本格化『食料や燃料の安全な補給を』」
https://newspicks.com/news/3022615/body/

注14　ポール・ポースト著、山形浩生訳『戦争の経済学』バジリコ、一二一頁
注15　正式名称は「重要影響事態に際して我が国の平和及び安全を確保するための措置に関する法律」
注16　秦郁彦『旧日本陸海軍の生態学』中央公論新社、二〇一四年、五七〇頁
注17　https://www.youtube.com/watch?v=-xibwwNVLgg
注18　「自動運転カーの世界を引っ張る優秀な頭脳は軒並み『DARPAコンテスト』の卒業生」GIGAZINE、二〇一七年一一月二日
https://gigazine.net/news/20171102-darpa-autonomous-vehidle-talent/
注19　https://www.youtube.com/watch?v=M2AcMnfzpNg
注20　鶴原吉郎「中国〝自動運転シティ〟の実像をかいま見る」『日経ビジネス（電子版）』二〇一八年一二月五日
https://business.nikkei.com/atcl/report/15/264450/120300106/
注21　『日経新聞』二〇一九年三月八日
https://www.nikkei.com/article/DGXMZO42184090Y9A300C1TJ1000/
注22　官邸ウェブサイト・国家戦略特区「『スーパーシティ』構想の実現に向けた有識者懇談会」
https://www.kantei.go.jp/jp/singi/tiiki/kokusentoc/supercity.html

第二章　自動運転の障壁

認識と判断の壁

人間が何気なく行っている動作でも、それを機械で代替することは簡単ではない。まず運転に必要な情報を収集して周囲の状況を把握するには各種のセンサーが用いられる。車外に対してはカメラ・ミリ波レーダー・ライダー（電波の代わりにレーザーを使った測定器）等のセンサー、車内（ドライバー）に対してはＤＭ（運転者モニタリング）などが用いられる。センサーにはそれぞれ一長一短があるため、複数のセンサーを併用する必要がある。[注1] センサーは進路上の物体を人間より鋭敏に検出することが可能であり、人間のように疲労による能力低下や錯誤もない。しかし検出できてもセンサー自体は「それが何であるか」の判断はできない。センサーの高度化はこれからも続くであろうが、その情報をどのように処理するかは情報処理技術に依存する。たとえば緊急自動車の接近は、現在では一般に音（聴覚）により認識しているが、自動運転でドライバーの関与がない場合にはどうなるのだろうか。

人間は欠損したデータでも無意識のうちに補って情報を取得することができる。図（写真）２―１の状況はどうだろうか。これは法令に定められた通行区分を示す道路標示で、もともとは右方向を指示する矢印なのだが、摩滅している上にフェンスの影が重なっている。フェンスの影はセンターラインのようにも見える。人間であれば欠けている情報を補って道路標示と認識し、影をセンターラインと見誤ることもないだろう。これに対して自動運転車はカメラやレーダーで前方の情報を収集しているが、それは単にデータであってその解釈はＡＩの機能に依存する。写真の状況が、消えかけた道路標示なのか、路上に新聞紙が落ちているだけなのかを、ＡＩはどのように識別するのだろうか。もしＡＩがフェンスの影をセンターラインと誤認識すれば事故に結びつく可能性もある。この事例では道路管理の問題でもあるが、冬期にスノータイヤやチェーンが使用される地域では一冬で道路標示は摩滅してしまう。あらゆる道路を完全に管理することは期待できないから、自動運転では車両側の自律機能に依存する部分が大きい。

筆者の家の周辺を一〇分ほど歩いただけで多数の疑わしい事例が見つかる。図（写真）２―２は摩滅した一時停止の道路標示である。文字が欠けた上に電柱の影が重なっている。このように曖昧な情報でも人間なら一時停止と認識することは可能である。しかしＡＩでは対応できるだろうか。

図（写真）２―３はさらに複雑である。「白枠中の白斜線」の標示は法令では二種類あり、枠中の斜線が切れていれば「停止禁止部分（その上を通過することはでき

図（写真）２―１　不鮮明な路面標示

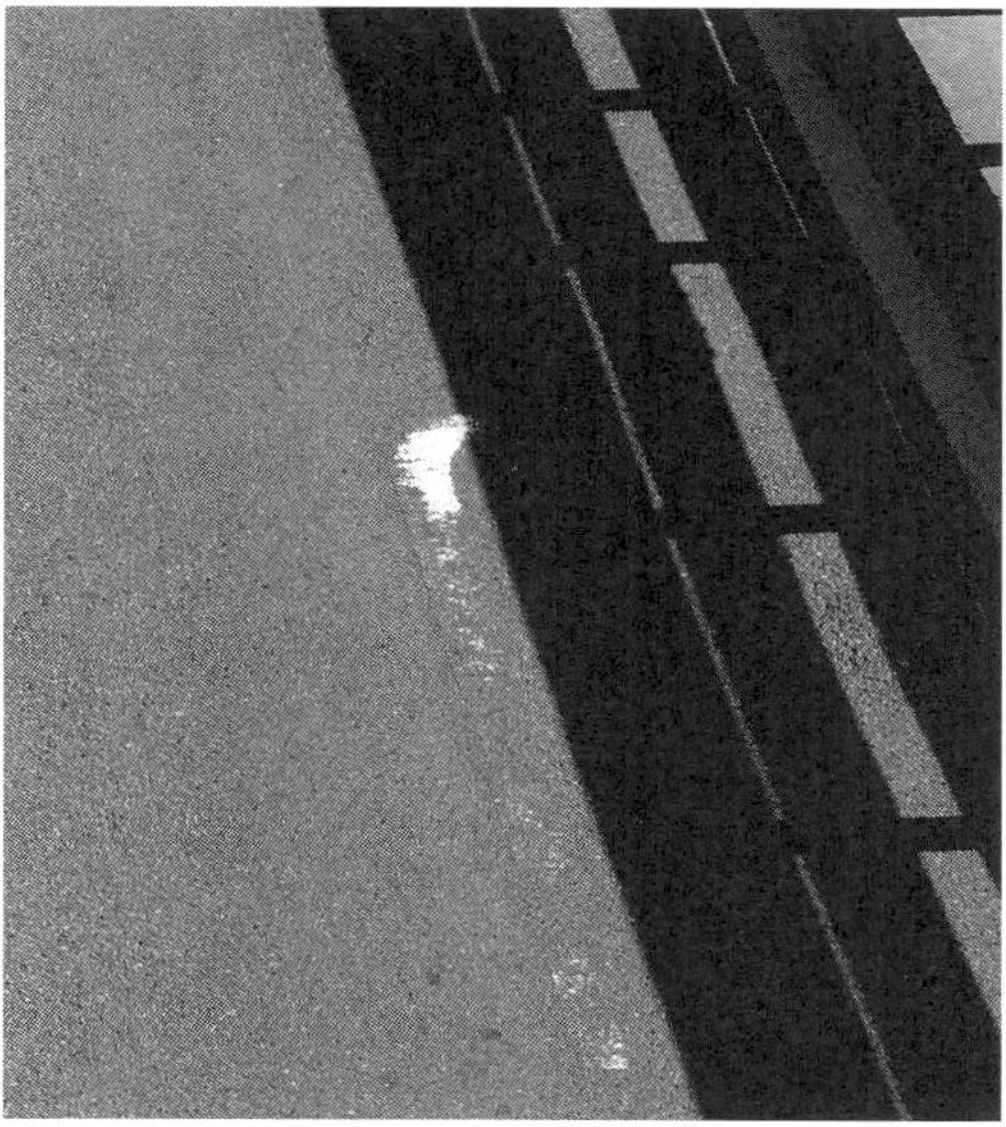

るが枠内には停止できない。消防署の前などに多くみられる）」で、連続していれば「導流帯（車の円滑な誘導を目的とするが、通行や停止は禁止されない。交差点の手前や車線数が増減する箇所などに多くみられる）」を示す。ところが標示は摩滅していていずれともつかない状態になっており、さらにその中に駐車車両がある。いずれも人間ならば周囲の状況から推定がつくが、ＡＩではどうなるだろうか。

結論からいえば、完全な自動運転は道路側の標示や標識が完璧であることを前提にするのは危険であり、何らかの外部情報を車両側に伝えなければならないだろう。自動運転の議論の中には、人間の視覚に依存する標識・標示類を全廃することが理想との意見もある。しかしそうなると、何らかの電子的な情報提供を全国のすべての道路に対して整備しなければならない上に、全国一斉にそれを実施することはできないから、整備済と未整備のエリアが長期間にわたって混在することになる。

しかも、自動運転が機能するために道路側で対応・整備すべき課題として挙げられている事項の多くは、自動運転と関係なく対処されていなければならないことばかりである。たとえば自動運転システムの開発者は次のように述べている。

このように、交通インフラが、自動運転時代に行うべき要素は二つあると考えている。一つはＩＴＳコネクト［注・車外との通信によりドライバーに注意情報などを提供するシステム］などで実現しようとしているような、路側にある情報，例えば信号機そのものの情報や、歩行者の状態や、見通しの悪いＴ字路での車の状態、専用信号のない右折における対向車の状態など、さまざまな情報をセンシングし、集約し、車に通知するような仕組みを作ること。もう一つは車側の

図（写真）２―２　摩滅した一時停止の標示

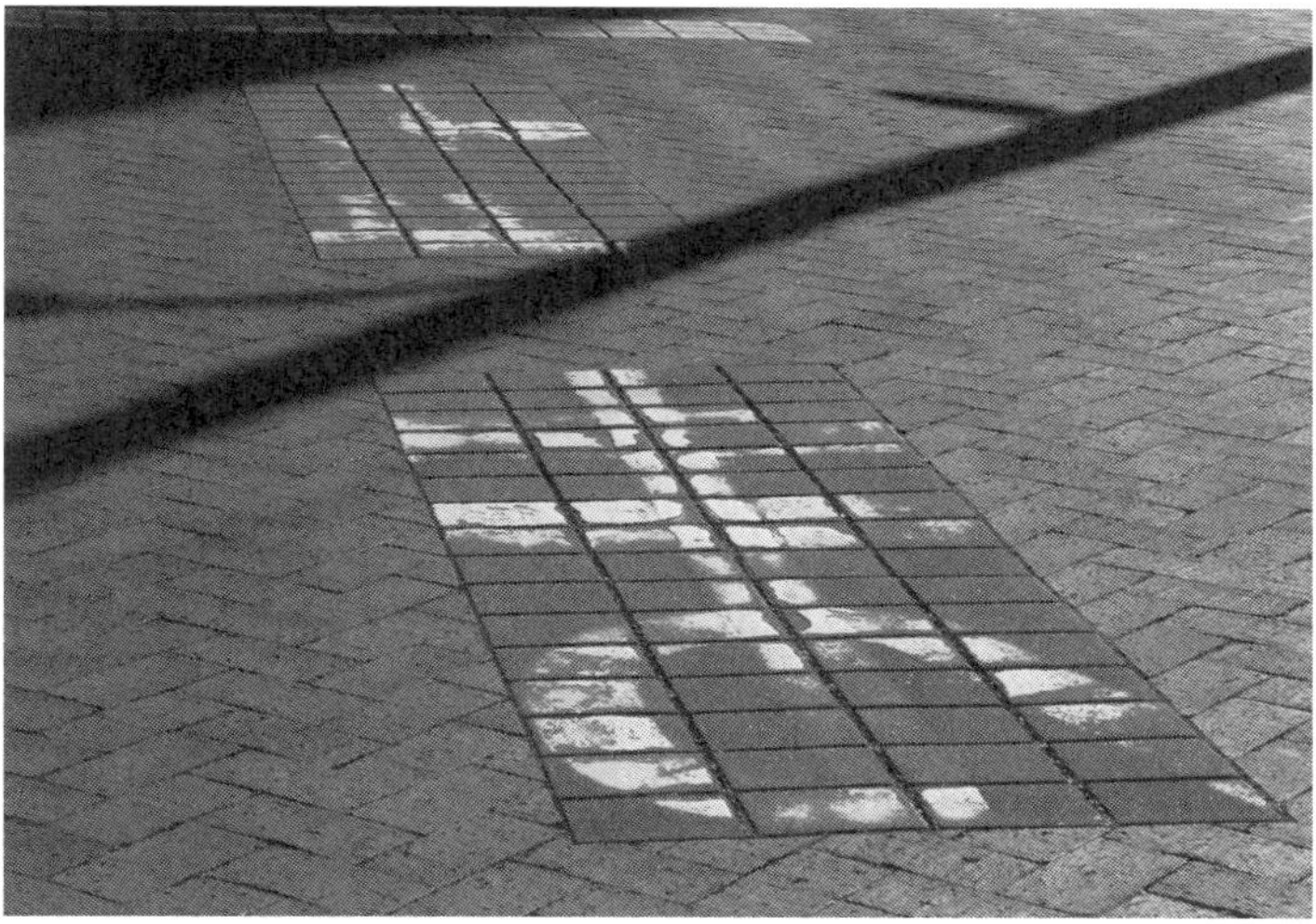

図（写真）２―３　摩滅した標示と路上駐車

センサーを邪魔しないような道路インフラを作ること。例えば消えない白線や、路肩にのぼり旗などセンサーが誤認識するようなものがない道路環境、交通ルールを徹底できるような標識や区分けなどになる。注2

前述の写真のような道路標示の摩滅などはまさにこの問題であるが、この程度の整備もできていないのに自動運転など机上の空論に過ぎないのではないか。また道路管理者が関与しないのぼり旗・看板・その他の放置物を全面的に撤去することは現実に不可能であろう。

画像が何であるかの認識ができても、対象が時間的に動く場合はさらに困難である。横断歩道を渡っている歩行者を認識したとして、それが自車の前に停車している車の陰にいったん隠れても、人間ならばそれが二～三秒後にまた現れるといった判断をごく自然に実行している。しかしそれをＡＩで代替することは容易ではない。システムの設計者が予め全ての状況を予測して手順を組んでおくことは困難であるため、ＡＩに「学習」させる必要がある。また発売済みの車両に対してデータやソフトを常にリアルタイムでアップデートしてゆく対策（ＯＴＡ・Over the Air）も必要となる。

こうした問題に対処するため、第一章で紹介したように路上で観察されるパターンを大量に蓄積して当てはめる深層学習の技術が用いられる。しかしここに倫理的な問題がある。将棋や囲碁ならともかく自動運転のＡＩが「経験」を蓄積するには実際に数多くの事故を必要とするからである。

さらに「ブラックボックス問題」がある。ＡＩに深層学習させるプログラムを組んだのは人間（設計者）である。しかしＡＩが出した結果の理由や根拠は、当の設計者でも追跡・再現ができず、第三者の専門家が介入しても解明できない。かりにハード的な問題、たとえばブレーキに欠陥があって事故が起きた場合には、原因を解明して改良し、既販売車に対してはリコールなどの対処が可能である。しかし深層学習による判断の理由や根拠が追跡できないとなると対処の方法がない。現在でもブラックボックスに似た体験をしているドライバーは少なくないはずである。抜け道探索システムで運転が困難な細い道に誘導されたり、カーナビの誘導に従って走行していたところ的はずれの場所に行き着いたなどの現象である。

ＡＩを用いた画像分析による不審者検出などは実際に行われている。しかしそうしたシステムは、最終的な対処は人間に委ねられる。人間では追い切れない多数の画像の中から候補を抽出して人間の補助を行っているだけである。

これは自動運転にとどまらず他の分野でも新たな問題とされている。従業員の採用にＡＩを利用するなどはすでに行われているが、さらにはＡＩが特定の個人を「犯罪傾向あり」等と評価して社会的に排除するなどの危険性がすでに指摘されている。[注3] この際にＡＩの判断過程が「ブラックボックス」では対応しようがない。すでに監視カメラ程度の技術でも冤罪などトラブルが起きているのに、[注4] ＡＩ学習を利用した判断・評価がさらに拡大すれば重大な問題をひき起こすおそれがある。このため結果だけでなく理由と根拠を説明可能なＡＩ[注5]も提案されているが、緒に就いたばかりである。法的問題とも関連するが、在来車ではリコールすべき欠陥を放置したことにより事故が起きればメーカーの責任が問われる。

自動運転車の場合、システムが事故例の集積により改善されてゆくとすると、アップデートを怠ったために事故につながった場合はユーザーの法的責任が問われる可能性がある。

パソコンでも原因不明の「固まる《フリーズ》」現象に遭遇し、さらには強制終了も受け付けなくなり「パソコンが壊れるのではないか」と不安を感じながら強制的に電源を切った経験を持つ人は珍しくないであろう。制御システムではデッドロックと呼ばれる。これは「各システムが自身のプロセスの実行のために必要な資源を獲得するために、他のシステムのプロセスの完了を待ち、自身のプロセスを実行できない」状態である。[注6] これは一つのシステム内部で起きることもあるし、互いに独立したシステム相互のやり取りの中で発生することもある。

自動運転車でもデッドロックが発生する可能性がある。制御システムが何らかの危険を予測した時、あるいはシステム自身のエラーを検出した時、基本的には車両を停止させれば物理的には安全側である。たとえば交差点で車同士が鉢合わせしそうになったら双方が停止すればひとまず事故は回避できる。しかしそこから復帰することは簡単ではない。相手が動き出して支障が解消されてから自車が動き出すとした場合、双方がいつまでも動けなくなる。法令上は「優先関係」が決められているので判断できるかもしれないが、他の交通状況との関連からさまざまな状況がありうる。

人間が運転している場合には、こうした干渉をきわめて曖昧かつ機械では代替しにくい「阿吽《あうん》の呼吸」で解決しているが、AIにそれができるだろうか。しかもメーカーごとに仕様の異なる自動運転システムが混在し、さらに非自動運転車も混在していたらどのような制御が必要となるのだろうか。各メーカーは自社のシステムを搭載している車を優先するような制御を組み込むであろうという指摘もある。[注7] 自動運転のレベルアップの途中段階や、普及過程（在来車との混在）こそ高度な情報処理が必要となり、逆に完全に「レベル５」に置き換わればむしろ問題が整理しやすいという大きなディレンマがある。

第一章で紹介したとおり、速度制限の標識をＡＩが認識して車のスピードを規制するアイデアは三〇年以上前から提案されているが全く具体化しなかった。それはセンサーやＡＩが未発達であったからではなく、本質的な問題として、規制に対応してどこで解除するか（どこまでが規制範囲なのか）を認識できなければ使えないからである。一応は制限標識に対応して解除標識（円に青車線の補助標識）あるいは路面表示が規定されているが、実際にはきわめて複雑かつ曖昧である。住宅街などで地域全体に速度規制を設けた「ゾーン30（第三章参照）」の試みがある。ゾーンに入る時は標識・表示により制限速度が時速三〇㎞と認識することはできるだろう。しかしゾーンから出る時には「解除」という標識・表示はない。現在は人間が看板や路面表示を見て認識しているが、ＡＩにどこが生活道路なのかを認識させるのは簡単ではない。もし確実に認識させるとすれば、全国のあらゆる道路に制限速度を発信する機器を設置する必要があるが、とうてい現実的とは思われない。しかも警察庁によると、ゾーン30の表示方法には統一規定がなく自治体ごとの判断に任されているという。もし現状のままならば、自動運転車は全国の自治体別のデータを用意して判断しなければならなくなる。

道路交通法の第三八条では、横断歩道等で「横断しようとする歩行者等があるとき」は車両は一時停止の義務がある。しかしＡＩはどうやって「しようとする」と認識できるだろうか。もしＡＩが「しようとしているとは思わなかった」と認識すれば、停止せず歩行者に突入してもよいのだろうか。ＡＩの判断が人間と同等あるいはより慎重で良心的という保証は何もない。日本では信号のない横断歩道では実態として車が停まらないので、歩行者が危険を感じて横断をためらうとドライバー側ではますます「横断する意図がない」と判断して速度を緩めず通過しようとする。深層学習では人間があらかじめ模範解答を与えるのではなく、ＡＩが多数の事例を集積・抽出した結果で判断する。ＡＩが「信号のない横断歩道では歩行者を渡らせないほうがよい」とか「流れに乗っている場合には制限速度を超えてもよい」いう「学習」を蓄積してゆく可能性もある。

ロジックの壁

自動運転車の開発・普及が看板どおりに行かない原因は、電子機器やＡＩの機能がまだ不足しているからだろうか。もしそうなら、性能向上やコストダウンは時間の問題であるから遠からず高レベルの自動運転が実現するだろう。しかし問題はそこにはない。いかに技術を向上させても越えられない壁の存在がある。それは、どのような時にどのような操作が最善かというロジックが整理できないことに起因する。

陸上の移動手段として、安全性の面で自動車の対極にある鉄道を考えてみる。鉄道は一次元すなわち速度の制御さえすれば安全が担保され、しかも進行方向のみに注目すればよい。ポイント（分岐器）という方向の変化もあるが列車側の方向操舵（ステアリング）は必要なく、ポイントの側で進路が決められるので、ポイントや信号の状態から導かれる条件に対して、列車側で判断すべき情報はやはり速度のみに集約される。

これに対して車では、歩行者・自転車が存在しない（はずの）高速（自動車専用）道路だけを考えても、制御すべき要素として方向操舵が加わることで極めて複雑な制御が必要となる。「運転が苦手」と自覚する人にアンケートを実施すると、苦手な場面の代表として駐車・車庫入れと並んで車線変更が挙げられる。車線変更で後続車の前に入るには速度を若干上げないとむしろ危険（三角形の二辺と一辺の関係）なのだが、苦手意識から不安を感じて無意識に速度を落とすため、後続車が接近してますます面倒な状況に陥る。この調整は現在は双方のドライバーの「阿吽の呼吸」で行っているが、「自動」運転車と「非自動」運転車は意思疎通ができない。

ことに一般道では、変則交差点や複数の右・左折するルートが近接して存在する場合に、方向指示器を表示していても単に「右・左」の情報しかないので、当該の車が実際にどのルートに向かうつもりなのかは実際の車の動きにより判断するしかなく、きわめて曖昧である。

また道路を走っていて、突然脇道から別の車が出てきた（路上のすべての車が自動運転車ではないのだから）場合、人間より速くセンサーがそれを検知したとしても単に急ブレーキを自動的にかければよいとは言えない。もし後続車が接近していれば追突のおそれがある。ハンドルでよける選択肢もあるが対向車があればそれもできない。何か危険を検知したら、ＡＩはドライバーへの危険を顧慮せずフルブレーキングするだろうか。

また日本特有の難題として、一般道ではいずれかで遭遇する鉄道の「踏切」がある。ことに住宅地の踏切では「開かずの踏切」あるいはそれに近い状況が常に発生する。遮断機が上がると多数の歩行者・自転車・車が一斉に踏切を渡りだす。自動運転車は周辺の一定距離以内に歩行者・自転車がいたら「自動的」に停止するであろう。そうしているうちに次の列車が接近して警報機が鳴り出したら自動運転車はどのように対応するのか。もし車が踏切を渡りきれないうちに遮断機が降りて閉じ込められた場合は、現在は列車との衝突を避けるために遮断バーを押し破って脱出するようにと広報されている。車の直前に障害物があれば停止するはずの自動運転車で、踏切に限っては強行突破するという対処が可能だろうか。そうした複雑な状況は自動運転では対応できないとしてODD（限定領域・Operational Design Domain、第一章参照）の対象外とする、または最初から踏切を通らないルートを選択するなどの対策が考えられる。しかしそうであれば完全自動運転の「レベル5（限定領域がない）」はいつまでも達成の見込みはない。

これらのうち一つだけでも難題なのに、さらに難しい問題が立ちはだかる。それは「トロッコ問題」と呼ばれる倫理的な落とし穴である。この「トロッコ問題」とは、もともとは英国の哲学・倫理学者のフィリパ・フットが提起した思考実験であり、たとえばトロッコが暴走した先に線路の分岐点があり、双方の先にそれぞれ人がいる時に、いずれを助けるべきか選ぶことができるかという問題の設定であった。自動運転で問われる「トロッコ問題」はその変形であり、乗員の安全と車外の第三者の安全のいずれかを選ばなければならない状況で、AIはどのように判断するのかという問題である。

たとえば対向車線から大型トラックが突然センターラインを越えて逸走してきたとする。ハンドルを左に切って避けようとしたが左側には歩行者や自転車が走行している。インターネット上では、ドライバーを犠牲にする車は売れないだろうから、制御システムはドライバーの安全を優先する（すなわち歩行者や自転車を犠牲にする）ように設定されるであろうという見解が優勢である。ユーザーに対

するアンケート分析でも同じ傾向が報告されている。[注8]

また、これに関しては「道徳的な見地について社会的な合意が得られたとしても、それを実際にプログラムに書き込むのは難しい」という指摘がある。[注9]「乗員の命と同じように、あるいはそれ以上に歩行者の安全を重視するような車を誰が買うだろう」「車に簡単に理解させられ、プログラム化しやすいのは『できるだけ多くの命を救え』という指示かもしれない」「そうなると、あなたの車は自転車の集団を避けて大型トラックと正面衝突するのを選ぶ可能性が出てくる。大半の人間は、それが正しいことだと頭では理解する。しかし多くの人命を救うために自分や愛する者の命を犠牲にしかねない車を、私たちは買うだろうか？」システムの情報処理機能や制御機能がいかに発達しても、あるいは発達すればするほどシステムに委ねられる領域が増えてゆくが、トロッコ問題は永遠に解決しない。[注10] ことに道路交通において歩行者・自転車の優先度が低い日本での自動運転車の導入は危険である。どのメーカーもこの問題に対しては沈黙している。

二〇一九年五月八日に滋賀県大津市で、保育園児の列に車が突入して死傷者が発生する事故があり全国的に大きく取り上げられた。交差点で直進してきた車が、右折しようとした別の車と衝突したはずみで園児の列に突入した。直進車のドライバーは避けようとして咄嗟に左にハンドルを切ったと述べている。四二頁でも例示されている「専用信号のない右折における対向車の状態」はまさにこの状況に該当する。それでは自動運転であればこの事故は避けられただろうか。双方が自動運転であれば衝突そのものが未然に回避され何事もなく過ぎたであろう。しかし片方だけが自動運転であったらどうだろうか。直進車のＡＩが相手側の無理な右折を検知したとしても、相手側が自動運転でなければば意味はない。自車が弾き飛ばされ、制御を失って園児の列に突入する可能性までAIが予測し、それを避ける最善の操作ができただろうか。いわゆる結果論としてみれば、左に避けず相手側の車両を直撃して停まればよかったと思われるが、そのような判断までAIに期待できるとは思われない。

一方で「自律走行車が増えると強引に横断する歩行者が増える？〔注・歩行者優先機能、自動停止機能が動作することを期待して〕」との予測もある。[注11] これに対しては「現状の日本の道路法規は交通弱者への保護が過剰」「自動運転時代にはますます弱者側がつけあがる」との言説がすでに登場している。[注12]「メルセデス・ベンツ曰く、自律走行自動車は歩行者よりも乗客を優先して救うべき」[注13] との記事もみられる。意図的な無謀横断ではないにしても歩行者（自転車）の保護のためにドライバーが意図しない自動停止が多発するようになれば、ドライバー側は自動運転を解除して走行することを選択するのではないか。

別の難題として、多くの車が実態として法令違反（制限速度超過、黄信号突破）で走行している状況で、法令を順守して走行する少数の車が存在するとむしろ混乱の要因になる関係はしばしば指摘されている。「あおり運転」をされるかもしれない。するとAIは搭乗者を守るために法令違反をすべきだろうか。現時点の警察庁の自動運転に関するガイドライン[注14]では法令の順守を規定している。警察庁は「制限速度を超えてもいい」と公言はできないだろうが、現実の車は紙の上ではなく路上を走っているのである。この矛盾を解消するための現実的な説明は、公的機関からもメーカーからも全く提供されていない。

前出の記事[注15]によると、二〇一八年はウェイモの自動運転車に関連して一八件の事故が発生したが、そのうち一六件は停止中に追突や接触された「もらい事故」とみられる。日本でいえば「第一当事者」ではないが、多数の在来車が走行している中で挙動が異なる自動運転車が混在することが原因であるとすると、すべての車を一斉に自動運転車に置き換えることが不可能である以上は、長期間にわたってこの種の事故が多発する。

また車両側にしても、自動運転がどのレベルであれ、ドライバー・同乗者ともに予期しない急ブレーキ・急ハンドルがありうるという前提では、全員のシートベルト着用が不可欠となるだろう。シートベルトを締めないとスタートできないとか、走行中に外すと自動停止するなどの保護回路を設けることは技術的には容易である。しかし現在でもシートベルトの着用率が後席では四割以下という実情[注16]においてそのような対策は現実性があるだろうか。

人と機械の分担の壁

自動運転とは「ＡＩが運転する車に乗せてもらう」ことであるが、その場合に何が起きるだろうか。ＡＩに完全に任せて飲酒や睡眠が許される（とすればドライバーではなくタクシーの乗客扱いになるが）ほど自動化レベルが上がり、かつ路上のすべての車が自動運転になれば問題は解消するかもしれないが、「レベル４」までは自動運転の条件が成立しなくなった場合に備えて交替できる体制を常に維持することが求められている。

自動運転の議論では「人から機械に代わる」方向の議論ばかりが注目されているが、逆に「機械から人に代わる」方向の議論が置き去りである。最初から人が運転していれば、いまどういう理由と経緯でその操作をしようとしているのかを当然ながらドライバー自身が把握しているが、急にシステムから交替を求められると、なぜ自動モードが無効になったのか、その状況に至った理由がわからない、あるいは遡って推定しなければならず余計な負担が必要になる。危険な状況では一瞬の判断が求められるから、そのタイムラグは致命的になるし、判断を誤る確率が増加する。自動運転が普及する過程ではこうした事故が頻々と起きるであろう。

日常的に車を使用している人であれば「他人が運転する車に乗せてもらう」ことによる問題を体験しているはずである。車間距離の取りかた、ブレーキのタイミング、黄信号での通過と停止の見きわめなど各人の慣習の差があるため、他人の運転で乗せてもらうと不安を感じたり、逆に焦燥を感じるなど、他人の運転が「気になる」現象がある。ホーンを鳴らして前車の発進を急き立てるドライバーは珍しくない。模範運転をする自動運転車に乗っているドライバーは常に「非自動」運転車のドライバーから迷惑視されることになる。

一般に「危険を感じたら、ステアリングで避けるよりも思い切りブレーキを踏め」と指導される。またＡＢＳ（Antilock Brake System）が装備されている車では、すべての局面で有効ではないものの制動距離を最小にする制御が行われる。しかしこれはドライバーが自分の意志でブレーキをかける場合の話である。自動運転モードになっていてドライバーの意識が運転から遠のいている時、ＡＢＳが作用するような急ブレーキを制御システムが予告なしに（秒単位の緊急事態なのだから当然予告の余裕はない）かけてもよいだろうか。

表2―1　人と機械の受け渡しの条件

(1)　自動運転の開始	自動運転を開始するときはドライバーの自動運転開始の意思を自動運転システムに伝えることで開始されなければならない
(2)　自動運転システムの状態の表示	自動運転システムはそのシステム状態（自動運転中、手動運転中）をドライバーへ表示しなければならない
(3)　ドライバーによる自動運転への介入（オーバーライド）	いつでもドライバーは自動運転に介入し、自動運転を中止させ、自動運転の権限を取り戻すことができる
(4)　自動運転の終了	自動運転を終了するときはドライバーの自動運転終了の意思を自動運転システムに伝えることで終了されなければならない
(5)　運転権限のドライバーへの委譲	自動運転システムの機能限界や自動運転システム異常時のために自動運転を継続することが困難になったときは、安全に運転権限をドライバーに移譲しなければならない
(6)　下位運転支援レベルへの移行	自動運転システムの機能限界のために運転支援レベルを下位（たとえばレベル3→2）へ移行される状況が想定されるときは、ドライバー自身が了解してから、システムは運転支援レベルを下位へ移行させる必要がある
(7)　上位運転支援レベルへの移行	自動運転システムが機能限界から復帰し運転支援システムを上位へ移行するときは、ドライバーが上位への移行の意思を自動運転システムに伝えることで移行されなければならない
(8)　他の道路利用者への表示	自動運転中は他の道路利用者がその車両が自動運転中であることがわかるように視覚的な表示によって自動運転中であることを示す必要がある

自動運転の開発者による報告では、人と機械（ＡＩなど）の間の操作の受け渡しについて、高速道路上の「レベル３」ていどの自動運転を対象として表２―１のように想定している。[注17]

しかしこれは自動運転の目的からは本末転倒の内容ばかりである。というのは⑴から⑺のいずれのステップに関しても、ドライバーは通常の運転に必要な注意・操作（当然、責任も伴う）を継続したうえに、自動運転を導入したことによる追加的な注意・操作を必要とするために、運転の負担は減らないどころか余計な手間がかかるからである。それも高速道路を問題なく走行できるていどの経験を積んだドライバーなら対応できるかもしれないが、まだハンドルに「かじり付き」状態の初心者や七五歳以上の免許更新検査を辛うじてクリアしたレベルのドライバーなどに対して、このような注意・操作を求めるのはむしろ危険である。いわばこれは開発技術者の想像力の欠如である。一定の運転歴がありシステムの構成がどうなっているか予め知っていることを前提としているが、不特定多数のユーザーを対象としては機能しないだろう。

筆者は企業でシステム開発を担当した経験があるが、特定分野のエンジニアだけが使用するシステムであっても、経験者から「ユーザーは何をするかわからないという前提で開発するように」と注意された。

しかも他のドライバー等に対して自動運転中であるかないかを表示するなどは極めて迷惑でしかない。多数の車両の中に例外的に自動運転車が混じっている段階ならまだしも、自動運転車と非自動運転車が半々ていどの混在になり、他のドライバーが自車の周辺の車両が自動運転車かどうかによって異なる対応が必要などという状態になればその負担は著しいものとなる。

現実の路上における事故は、たとえ法令上の制限（速度規制・信号・標識など）を守っていたとしても一瞬の判断の誤りによって起こりうるし、「もらい事故」も避けられない。前述の自動運転のレベルの条件では「運転支援レベルを下位へ移行される状況が想定されるときは、ドライバー自身が了解してから」などという時間的余裕があるのだろうか。たとえ自動化レベルが上がったとしても、交差点がなく歩行者や自転車が存在しない（はずの）高速道路上の定速走行でしか成立しないと思われる。高速道路でも分岐や合流は存在し、そこでの制御は格段に難しくなる。

　実験によると、自動走行中に操舵（ステアリング）が誤作動して進路を外れた時にドライバーがどのくらい対応できるか測定したところ、自動モード開始から時間が経つほどドライバーの反応時間（ドライバーの操作が車両に反映された時間）が延び、六〇分走行後では一～三秒の遅れがあった[注18]。実験は低速で行われているが、かりに現実の路上で速度が一〇〇km／時であれば三秒の遅れは八〇m以上であり致命的な問題となる。また六〇分の走行中に約三割のドライバーが眠ってしまった。別の研究によると、システムから急に制御を渡された時、ドライバーの性格によってその後の操作の適切性に差が生じるという[注19]。そもそも個人差に起因する危険性を除去することも自動運転の重要な目的の一つであるのに、本末転倒の結果を招くことになる。

　どのような自動システムであっても故障はゼロではないから、その時にどうするかを決めておかなくてはならない。これについては完全自動化の「レベル5」であっても二つのケースが考えられる。第一は車両に操作装置（ハンドル・アクセル・ブレーキ等）を全く設けないケースである。この場合は無免許・飲酒・睡眠が許容されるかもしれないが、異常時にはその場に停止して救出を待つしかない。

第二は少なくとも路肩に寄せるていどの最低限の非常操作装置が設けられるケースである。しかしそうすると搭乗者は当該の車両の運転資格がなくてもいいのか、飲酒での操作が許されるのかという問題が生じる。いずれにしても車両が単独で走行しているだけならば停止すれば安全側であるが、高速道路や交通量の多い幹線道路上では停止して待つだけでは危険であるし、他車との接触を回避しながら路肩に寄せるにも未経験者では難しい。

「レベル4」以上になると子供が単独で利用してもよいのか議論となるだろう。その場合は何歳からが自動運転上の「子供」なのかも問題となる。現に人口密度の低い地域では、小学校の統廃合で生徒が徒歩では通えなくなり、利用可能な鉄道・バス路線がない場合には自治体がタクシー会社に委託して相乗り送迎が行われている。しかしこのような地域のタクシー会社は経営が厳しく、いつ廃業となってもおかしくない状況である。これを無人運転とすれば子供だけで利用することができるだろうか。

米国では地域の慣習や家庭の考え方によっては一〇歳前後から銃を所持させ「正しい」使い方を教える場合があるが、日本では車に関して同じ発想がみられる。筆者は、大規模商業施設の駐車場から出口付近まで、中学生くらいとみられる子どもに運転させていた例を目撃したことがある。子どものうちから運転に慣れさせるという発想なのだろうか。

なお道路交通法では、公道以外でも一般交通の用に供される私道（一般公衆が立ち入れる場所）も道路とみなされ無免許運転は認められない。自動運転が普及すればさらにこうした安易な運転が蔓延するであろう。

異常時といっても二つの側面がある。第一はシステムが対処できる条件から外れた時に人間に操作を引き渡すケース、第二はＡＩの判断が人間からみて明らかにおかしい時に人間がオーバーライド（自動制御中でも人間の操作が優先される）できるケースである。現在の自動運転の議論では第一のケースが取り上げられる場合が多いが、人間からみてＡＩが明らかにおかしい動作を実行した時に、少なくとも緊急停止ができる非常ボタンを設けなくてよいのだろうか。

異常動作はＡＩそのもののエラー、外部からのハッキング、妨害電波等などさまざまな原因で起こりうる。またいかに自動化してもタイヤのパンクなどのトラブルは一定の確率で発生するし、降雪時にチェーンを装着する等の操作も必要であろう。自分が第一当事者とならなくても「もらい事故」は起こりうる。負傷者の救護のために衝突した車両を急いで引き離さなければならない場合もありうるが、システムの担当者を呼ばないと数メートル移動することもできないとしたらどうなるだろうか。自動モードを切って手動モードで動かせる機能は必ず設けておかなければならないのではないか。

米国の消費者団体のレポートによると次のような記事がある。現段階の自動運転のレベルでは完全に手放しのシステムに任せた運転を実現できないため、常に人間が操作を代われる体勢をとっていることが前提となる。このため逆にシステム側がドライバーの状態を監視（ハンドルに手をかけているか、居眠り・脇見がないか等）し、ドライバーが操作できる状態にないと判断した時はアラームを発して、なお対応がなければ強制停止する機能が組み込まれているシステムもある。あるメーカーのシステムを実際の路上でテストしたところ、機能するまでに二四秒かかったという。[注20]いずれにしてもドライバーはその車種が運転可能な免許を持ち、飲酒などの影響下にない（正常に運転できる）ことが前提となる。

逆に言うならば、安全に自主的な注意を払う良心的なドライバーほど「今は自動モードなのか、非自動モードなのか」を常に意識していなければならず、むしろ余計な負担が発生する。自動運転の設定レベルをドライバーが勘違い（実際よりも低いレベルに設定されている）していればかえって危険が生じる。自動運転中だと思って運転から意識が遠のいているときに急に「操作を代われ」と求められた時に、瞬時に状況を把握して敏速に対応することは可能だろうか。しかもその後は「人間モード」になるから事故を起こせばドライバーの責任が問われる。

しばしば報道される店舗へ突入等の事故に関して、インターネット上では特定のハイブリッド車種のシフトレバーが間違いを起こしやすいことが原因ではないかという指摘が多くみられる。[注21]自動運転車では、レベルにもよるが在来の運転装置に加えて自動運転に関する操作（自動と手動の受け渡しなど）が介在して操作がより複雑になるとともに、メーカー・車種ごとに不統一な操作機構が提供されることになる。メーカーはこうした問題に関して積極的に情報を開示するとは思われない。

制御システムの進化とともに、複雑な状況にも対応できるようになり自動運転のレベルが上がってゆくであろう。しかしレベルが上がれば上がるほど問題は厄介となる。「むずかしい局面ほど、突然に人間の介入が必要となる」からである。突然の引き継ぎは、もともと人が運転していた場合よりも対応が遅れたり動転して誤操作を誘発する可能性も考えられる。二〇一八年三月にテスラ社の自動運転車が中央分離帯に衝突してドライバー（実験員）が死亡した事故では、衝突六秒前にシステム側がドライバーに操作を求めるアラームを発したが乗員が対応せずそのまま衝突した。しかも日常的に自動運転に任せているとドライバーとしての感覚や技能の低下が避けられない。ＡＩの機能が日進月歩であっても人間は日進月歩ではない。

日産「リーフ」[注22]については「イーペダル」「プロパイロット」「プロパイロットパーキング」という機能が紹介されている。「イーペダル」はアクセルペダルのみで加速・減速を行える（ただしブレーキペダルは別にある）機能である。なお「イーペダル」は踏み込むと加速、緩める（放す）と減速の動作を行うが、安全の思想からいうと全く不適切である。筆者が自動車教習所に通い始めてまだ交差点での動作が円滑にできなかった時期に、指導員から「人間は動転すると足元にあるペダルを踏みつけてしまう。だから交差点では必ずブレーキペダルの上に足を乗せておくように」と言われた。駐車場で暴走して建物に突入する事故がしばしば起きているが、多くはアクセルとブレーキの踏み間違いと推定される。安全の観点からは、踏めばブレーキ、離せば加速にしなければならない。「イーペダル」は一見便利ではあるがいずれ事故の原因になるだろう。

自動運転になると人間が運転操作をしなくてもよいから、乗車中に飲酒、睡眠、読書、あるいはビジネス上の仕事や会議など運転以外の行為（セカンダリアクティビティ）ができるという期待も語られる。二〇一九年三月に政府は自動運転車の公道走行を前提に、道路交通法などの改正案を閣議決定した。自動運転中の睡眠・飲酒は不可だがスマートフォン操作を許容するという。これは警察庁が民間に委託した検討報告書[注23]に基づくと思われる。同資料では「レベル３」ないし「４」における乗車中の運転以外の行為として表２―２のような例示がある。

表2―2　乗車中の運転以外の行為

そもそも認められないと考えられる行為	飲酒
認められることが困難であると考えられる行為	睡眠
システムの性能によって認められ得ると考えられる行為	車体備付けの装置によるテレビ・映画鑑賞等 持込み装置によるテレビ・映画鑑賞等 携帯電話保持での通話 携帯電話によるメールの送受信等 両手をハンドルから離した状態での食事・読書・パソコン使用・会議・事務作業等

携帯電話に関してはブラックジョークと言わざるをえない記述がある。「現行法上、運転中の携帯電話の使用は違法である。運転者席にいる者が携帯電話を使用して走行している車両が自動運転車両なのか否か、また自動運転システムによって走行しているか否かについては外見上分からないため、警察（官）は嫌疑があるとして、まずはその車両を停止させることができる」と記述されている。自動運転モードになっているかどうかを外部から判断しようとすれば、灯火などによってそれを表示する必要がある。なお本当に取締りに関連するのであれば表示灯などを法令で新たに規定する必要があり、道路運送車両法・同施行令などの改正が必要となる。

「システムの性能によって認められ得ると考えられる行為」として挙げられている行為は、現実の路上における実態としては今も半ば公然と行われている行為であろう。一方で飲酒・睡眠が認められないことは現在と変わりなく、これでは「レベル3」ないし「4」では導入されても大したメリットはない。しかも「システムの性能によって」としているから、同じ行為でもA社では可、B社では不可などという違いが生じ、ユーザーにとっては余計に負担になる。どのような製品でも、現実の社会の中で不特定多数のユーザーが使い出すと予想外のトラブルが発生することがある。自動運転車の普及初期には、新しいもの好き・メカ好きのユーザーが自動運転機能を利用すると思われるが、それだけに「本当に自動運転が効くかどうかやってみよう」という好奇心から適用条件外での自動運転を試みて事故を起こすなどのトラブルが多発するだろう。

欧米のようにビジネスパーソンでも自分で運転して中・長距離の都市間を移動するケースが珍しくない状況では、移動中に他のことをしたいニーズも理解できる。しかし少なくとも「レベル4」までは完全に運転から解放されることはない。システムが対応できない難しい状況になると、突然運転の交替を求められるからである。現実の日本では、移動中に他のことをしたいのであれば公共交通を使えばよいのであって自動運転に依存するメリットはない。

処理能力やデータの壁

現在の市販車で利用できるADAS（先進運転補助システム）は自動運転でいえば「レベル1」ないし「2」に過ぎないが、それでもソフトウェアのステップ数（プログラムの行数）は一〇〇〇万行ていどといわれる。自動運転のレベルが上がると一億行ていど必要になると予想されている。[注24] 一般に知られる他のソフトウェアと比べると、正確には公表されていないがウィンドウズのOS（購入したままで他のソフトを入れていない基本システム）では数千万ステップ、アンドロイドやグーグルは八〇〇万ステップくらいの規模と言われている。この規模でさえ欠陥の完全な除去は困難であり、頻繁に「アップデート」が送られてくることは誰もが経験している。

自動運転では、前述のAIによる判断の背景となる大量のデータすなわちビッグデータの必要性が生じる。ビッグデータは直訳すれば「大量のデータ」の意味であるが、通常は数ペタ（一〇の一五乗・一〇〇〇兆）バイト程度のサイズを指すとされる。自動運転車の実験例では、公道に出ずに駐車場を一周するテスト走行でも四〇〇テラ（兆）バイトの参照データが必要であるという。これは前述のAIの学習機能のためにさまざまな状況と照合する必要からである。さらに公道に出るには毎秒六ギガ（一〇億）バイトのデータ処理が必要になる。[注25]

それを実現するプロセッサーは二〇一八年時点では実在しない。この点はプロセッサーの性能が年々向上することにより改善されると思われるが、別の問題として多種類のセンサーや高速プロセッサーの駆動には膨大な電力が必要となり、現在のEV（バッテリーだけを動力源としたEV）の電力供給量では、制御システムを駆動するだけで電池が減って航続距離に影響するほどになるので、エンジン車でなければ間に合わないという指摘もある。[注26]

また車外の情報ネットワークと情報をやり取りするには当然無線によらなければならないが、通信環境によって伝送速度が低下する等のトラブルにはどのように対処するのかも不明である。実際に「携帯（スマートフォン）の電波が入らない」として不愉快な思いをすることはしばしばある。筆者の事務所は無線LANを導入しているが時折り不安定なことがあり、メンテナンスに来ている技術者は「何のかんのと言ってもやっぱり有線ですよ」と言っていた。

ハード面としての電気・電子機器に関しては、自動車に使用される機器に対して「ASIL D」という国際規格（ISO26262）があり、要求される信頼性が規定されている。低いほうからA～Dのレベルがあり、自動運転車では最高のレベルDを求められる。時間あたりのシステム故障確率の規定があり、一億時間あたり一回（一〇のマイナス八乗）以下が求められる。これは一見すると極めて信頼性が高いように思えるが、自動車の総走行距離（総時間）が膨大であることを考えると、全体の回数としては必ずしも安心できない。

日本国内での自動車総走行時間を道路交通センサス[注27]より推定すると年間約六五〇億時間となる。かりにすべてが自動運転になったとすると、年間約六〇〇～七〇〇回のシステム故障が発生する。そのすべてが重大事故になるわけではないとしても、ドライバーが全く関与しない、すなわちドライバー自身は安全に責任を持たず、鉄道に乗っているのと同じ前提の安全性が求められるとすると、このリスクが許容されるかどうかは議論のあるところであろう。またこれは単独の発生確率であるが、路上で多数の車両が走行している状態ではそれが派生的なトラブルを招く可能性もある。

GPSの利用も不可欠であるが、そのデータの提供はGPSデータの提供側に依存しているため永続性・安定性は必ずしも期待できない。いずれにせよ無線に依存する以上は通信環境の不安定性が避けられない。GPSの信号電波に不正な情報を混入させるスプーフィング行為なども懸念される。過去の事例ではあるが、ギリシア陸軍の戦車導入計画に際して米・英・独・仏の四社が参加して実地競争試験が行われたが、仏諜報機関の工作員がGPS妨害電波を用いて他国の戦車の走行を妨害した事案が発覚している[注28]。

ＮＡＴＯの加盟国同士でさえこの状態であるから、まして悪意を持った妨害者は必ず登場するであろう。一般人でも入手できる汎用的な電子部品を使って妨害装置を製作できるという。妨害に対する防護対策も講じられているが、攻撃手段と防御手段は際限のない繰り返しであり、かりに防御手段が講じられたとしても、自動運転が不特定多数の一般ユーザーに普及した場合にそれを滞りなく更新してゆけるのかは疑問である。

また地図情報（ダイナミックマップ）の問題もある。たとえば目的地を入力すれば全自動で連れて行ってくれる機能が求められた場合には、現在のカーナビゲーションのマップの情報量ではとうてい実用にならない。新しい道路の開通などだけでなく、臨時の規制や工事・路面状況・気象状況など、時間の精度では少なくとも分単位（望ましくは秒単位）、空間の精度ではメートルあるいはそれ以下の単位でリアルタイムに情報を反映した巨大な地図データが必要となる。こうしたデータを、車両側のシステムとどのように分担・連携するのかも決まっていない。特定の地域だけがカバーされるとしても、逆にそれ以外では自動運転はできない。

車線単位での識別が必要なので、現状のＧＰＳの精度では役に立たないどころか危険が生じるし、高架道路の下層など電波状態も保証がない。マップデータは、道路の開通や廃止などに対応するには少なくとも時間単位での更新が必要になる。

しかし現状はデータ側で全く対応できていない。渋滞解消策として二〇一九年三月に開通した新東名高速道路（厚木南インターチェンジ～伊勢原ジャンクション）の存在が周知されておらず、カーナビゲーションのデータにも反映されていなかったため、同年五月の大型連休ではほとんど利用されず渋滞解消効果が発揮されなかった状況が報道された。[注29] データへの反映は現状では半年以上かかるという。開通した道路が利用されない点に関しては時間の損失で済むが、逆に閉鎖された道路に誘導される等の事態が発生すれば大事故につながる。現状では高速道路に限ってもとうてい自動運転を適用する条件が整っていない。

二〇一九年三月頃より米グーグルの地図アプリ「グーグルマップ」上で道路が消えるなどの不具合が発生するようになった。これはグーグルに地図情報を提供していた「ゼンリン」との契約が終了した影響とみられる。[注30]

一般にインターネット上でみられる地図は、物理的な形状の基盤部分と、ビル名・店舗名など実用上・商業上必要な追加情報から構成されている。この情報は自動運転にも重要な位置を占める。グーグルはもともとは基盤地図を構築し、これに「ゼンリン」から現地調査に基づいた追加情報を購入してグーグルマップを提供していた。しかし最近、グーグルは自社で蓄積したデータから地図を生成する方針に転換した。ユーザーが経路検索を行ったデータから地図を自動生成するデータもあるという。この結果、ユーザーが日常的に通り抜けを行っている駐車場が「道路」として認識されてしまった例もみられる。[注31] ユーザーの車使用のマナーが悪ければ悪いほどこうした不適切データが蓄積されてゆくことになる。

自動運転にかかわる地図データでこのようなトラブルが発生するようでは安全にもかかわるため、民間に任せず公的に管理すべきとの議論もある。データ提供企業の個別の事情によって地図データの信頼性や利用可能性が変化するようでは自動運転にはとうてい使えない。

車外とのコミュニケーション

毎日新聞社と全日本交通安全協会が共催して各年の交通安全標語を募集している。[注32] その一つに「青だけど　車はわたしを　見てるかな（二〇〇七年こども部門内閣総理大臣賞）」という作品がある。ドライバーが必ずしも車外の状況に注目していない可能性があるから、ドライバーとのアイコンタクトで確認せよとの意味である。自動運転車ではどのように相手の意思を確認するのだろうか。歩行者側からの判断は困難ではないか。まして子どもが単独で歩行する場合にはそのような複雑な判断は求められない。このまま日本で自動運転車が普及したら、二〇三〇年ころの交通安全標語には「確かめよう　近づく車の　運転モード」という作品が登場するかもしれない。

自動運転の技術ではしばしばV２Xが強調される。これは車（Vehicle）とその他の何か（X）が情報交換を行うことを指し、たとえばV２V（車同士の情報交換）は相手が「V」すなわち車であるという意味である。しかしいま人間が行っているコミュニケーションをV２Xで代替できるだろうか。この欠陥はすでに筆者も一九九八年の著書ですでに指摘している。[注33] 歩行者・自転車に端末を持たせて自動運転車と通信するV２P（Personal）という提案があるが、逆にそれを持っていない歩行者・自転車の通行を規制するとの可能性も指摘されている。[注34] これでは本末転倒ではないか。スマートフォンのアプリに組み込むという方法もあるだろうが、すべての歩行者・自転車がスマートフォンを待機状態で携帯していることを前提にすることはできないし、電源が入っていなかったとか電池が切れていたなどの状況は常に起こりうる。通信アプリを使用せずに自動運転車に跳ねられたら、事故は歩行者・自転車の過失だという主張がまかり通ることになるのではないか。

自動運転の最終ゴールは「レベル5」すなわちどのような状況でも、いつでも完全自動運転が可能となることであるが、技術がどのように進歩しても、他車との関連や歩行者・自転車・支障物の存在を考えると、単独の車だけで完結した自動走行で「レベル5」を達成するのは難しいであろう。これを補うにはV2Xすなわち自車と車外の情報交換が必要となる。これは今になって見出された問題ではなく古くから指摘されている。たとえば杉田聡は、他車との関係を調整するシステムが存在しないことが車という交通手段の基本的な欠陥であるとして既に一九九三年に指摘している。[注35]

自動車運転者が、少なくとも前後左右を走る車の運転車がどのような運転の意思・人格特性・心身状態を有するのかの詳細な情報をそのつど獲得し、その情報に基づいて自動車を操作する以上によい方法はないように思われる。だがこうした仕方での運転を可能にするためには、必要な情報を専門的に受容するための機器類（例えば無線機、コンピューター）を自動車に搭載すると同時に、それらの情報を収集して運転者に必要な情報を随時提供する「自動車機関士」が、少なくとも一人は運転者以外に乗車しているのでなければならない。

としている。当時はAIやV2Vという技術は存在しなかったが、その機能がまさに「自動車機関士」である。現在はその一部を人間同士のアイコンタクト、会釈、手合図、ヘッドライト、方向指示器、ホーンといった、機械では代替しにくいきわめて曖昧な手段で処理している。[注36] なおヘッドライト、方向指示器、ホーンをコミュニケーションに使用するのは、厳密にいえば目的外使用にあたり道路交通法違反である。これらは法定の合図ではないから個人や地域による慣習の相違があり、意図が通じないとか誤解された等のトラブルも耳にする。この問題に関しては、車が自動運転モードの場合に、制御システムが相手を認識しているのかどうかを車外にＬＥＤの文字で表示する提案[注37]がなされている。

　しかしこれは「小さな親切、大きな迷惑」であろう。在来車あるいは自動運転モードになっていない「自動」運転車、さらには歩行者や自転車が混在して走行している場合、他車のドライバーあるいは歩行者・自転車にとっては、表示を見て別個に対応を考えなければならない。自動運転が導入されたことにより余計な負担が発生するとともに混乱による危険も生じる。これらの表示についても、法定の合図・灯火ではないので現時点では公道上での使用は認められない。自動運転車の導入過程では、いかに導入を奨励したとしても道路上の全車両を一斉に置換することは考えられないので長期間にわたって混乱状態が続く。

　車間距離保持システムを使用して高速道路を走行していたところ、速度制御に応じて自車のブレーキランプが自動的に頻繁に点灯するため、後続車から嫌がらせ等の誤解を受けたとの報告が「国民生活センター」に寄せられている。[注38] これに対して同センターの回答によると「自動制御時のブレーキランプの点灯条件はメーカーごとに独自に決められているようであるから、利用者が使用条件等をよく理解した上でシステムを使用するように」というきわめて無責任な説明に終始している。自動運転のレベルでいえば「レベル１」に相当する段階からこの状態では、自動運転が本格化したら収拾のつかない混乱が生じるのではないか。

他車との関連では渋滞の問題もある。自動運転が普及すれば相互の調整機能が働いて渋滞が緩和されると安易な期待を述べる者もいるが、自動運転車と在来車の混在が続く以上はその効果は期待できない。当然ながら普及の過程では少数の自動運転車が道路交通に順次加わってゆく経過にならざるをえないから、自動運転車のほうが流れを乱す要因になりかねない。

自動運転車が部分的に導入される過渡状態では渋滞が劇的に増加するという報告がある。[注39] ここでは自動運転車の加速・減速が路面電車・バスなみと仮定している。人が運転に介在しないとすれば搭乗者にとっては電車・バスに乗っているのと同じであるから、搭乗者が意図しない急な加速・減速や方向変化は制限せざるをえない。一方で日本でのシミュレーション例では、自動運転車が五〇％混入した想定でシミュレーションを行った結果では、走行状況は現状と大差なかったとしている。[注40] この場合、道路全体での走行速度は時速二五㎞程度という。

情報の管理

注目されるのは、世界中の情報と金融を独占的に支配するグローバル企業群として警戒されているGAFA《ガーファ》（「はしがき」参照）に名を連ねるグーグル（関連会社「ウェイモ」として）やアップルが開発に参入していることである。特にグーグルが先行している。しかし人命にかかわる交通をビジネス中心の観点で捉えてよいだろうか。交通事故の防止や人々のモビリティ増進をテーマに掲げているが、オマケあるいは派生的な効果に過ぎない。現実に人間が死傷する戦争をゲーム感覚で捉え、米本土から無人攻撃機を遠隔操縦するような感覚で自動運転車の開発が行われる危険性はないだろうか。

国によっては、インターネット上の情報をＡＩが解析して特定のサイトの閲覧を遮断するなど、国民の監視・管理に利用されていると伝えられている。日本でもそうした懸念は十分にあるしおそらく既に行われているであろう。個人情報の管理の面からも不安がある。ＪＲ東日本がＩＣカード情報を不適切に販売したり、[注41]情報機器会社が駅監視カメラの画像を文部科学省の研究事業に無断転用するな[注42]ど、節度を欠いたデータ利用と個人情報の流出に波及しかねない事案がすでに多発している。

電子データでは、かりに故意でなくてもいったん流出した情報の回収・削除はまず不可能である。平穏な生活を営んでいる市民がデータの不正利用によって被害を受けるトラブルが増加するであろう。また現在はそれに対して何らの基準・規制もなく、関係者の恣意的な運用に委ねられている点にも危険性がある。自動運転に関しても蓄積されたデータが目的外に転用されないように今から対策が必要である。

最近、スマートフォンのＧＰＳ機能を利用して、近くにいるタクシーを呼んだり待ち時間を案内したりする「配車アプリ」が利用されている。東京都のタクシー会社が、このアプリを通じて得た利用者の行動や属性に関する情報を、無断で目的外に使用していたとして「個人情報保護委員会（内閣府の外局）」から行政指導を受けた事例がある。このアプリは車内のカメラ付き映像端末と連動し、走行経路沿いの飲食店や不動産の広告を表示したり、顔認識機能で乗客の性別を判断して広告の表示内容を変えるなど本来の目的外の用途に使用していた。さらに下車後も位置を追跡して実際にその店を訪れたかどうかも調べていた。

日本経済新聞社がグーグルの配信する無料アプリのうち上位五〇本の利用規約を調べたところ、二〇一九年三月一五日時点で五割強の二六アプリが位置情報を使う機能を備えていた。対話アプリ・動画共有アプリ・スマートフォン決済システム等は設定をオフにしない限り位置情報を集め続けている。[注43]形式的には位置情報の取得について利用者の承認を得ている形をとる場合もあるが、本来の目的外に位置情報を使用したり、アプリによっては無断で位置情報を取得していてもユーザー側からの管理は困難である。自動運転が普及すればこうした情報がますます大量に取得され、目的外に使用される可能性が高まる。

道路交通法の壁

自動運転の推進者は、自動運転に対応できるように道路交通法その他の関連法令を改訂すればよいと主張する。しかしそれはかなり困難だろう。道路交通法は一九六〇年の制定（その前は道路交通取締法）であるが、制定時には想定していなかった社会的・技術的な変化に対して後追いで改正を重ねてきたため、現状でも大混乱に陥っている。

たとえば「妊婦はシートベルトをしなくてよい」という誤った解釈の流布である。シートベルト（公式用語は「座席ベルト」）は「道路交通法」第七一条の三・第一で装着が義務づけられている。正確には「装着しないで自動車を運転してはならない」という表現である。同じ条文に装着しなくてもよい例外が列挙されているが、ここには妊婦に関しては何も書かれておらず「その他政令で定めるやむを得ない理由があるとき」という下部規定が示されている。その政令とは「道路交通法施行令」であるが、第二六条の三の二で「負傷若しくは障害のため又は妊娠中であることにより座席ベルトを装着することが療養上又は健康保持上適当でない者」とあり、文面どおり解釈すれば「健康保持上適当でない場合」であって、そうでなければやはり装着義務がある。もともとシートベルトは面倒なので装着が好まれない背景もあり、妊婦全般はシートベルトをしなくてよいという拡大解釈が流布されたようである。

他にも細々と例外が列挙されており、選挙カーの候補者や放送担当者なども例外として規定されている。こうなるといささか滑稽の範囲になるが、道路交通法は当然ながら人間が自らの判断によって運転することを前提としているため自動運転に対応するには難題が山積している。前述のシートベルトにしても法律の下の施行令まで参照しないと具体的な内容がわからない。このような状態で、自動運転に関して登場する新しい用語にはどう対応するのだろうか。

あらゆる法令において、各々の用語が何を指すのかが明確に定義されていなければ機能しない。道路交通法ではシートベルトでさえ「座席ベルト」と言いかえているが、チャイルドシートは「幼児用補助装置」である。一般市民の常識ではこれがチャイルドシートを指すとはとうてい連想できないが、「幼児用補助装置」とは何かがこれまた難解な文章で記述されている。

戦時中の敵性語排斥運動が今も続いているかのような印象を受けるが、現状でもこの有様なのに自動運転に関してＤＤＴ・ＤＭ・ＯＤＤ・ＯＴＡ云々と多くの専門用語が加わったらどうするつもりだろうか。

自動運転車の事故は誰の責任か

道路交通法第七〇条では「車両等の運転者は当該車両等のハンドル、ブレーキその他の装置を確実に操作し、かつ道路、交通及び当該車両等の状況に応じ、他人に危害を及ぼさないような速度と方法で運転しなければならない」とされている。技能の高低は別として、少なくとも当該の車両に対応した免許を持つ運転者が搭乗しない状態で車両を動かしてはならない。

これが自動運転になった場合はどのように変化するであろうか。一般に自動運転の「レベル２」までは各国の現行法で対応が可能と解釈されている。[注44] さらにレベルの高い自動運転車の公道実験には実験用の限定免許を付与することで対処可能としているが、不特定多数のドライバーを対象に自動運転車が市販されるようになった段階での対処は未定である。米国は州ごとに法令が異なるので一概に議論できないが、カリフォルニア州は自動運転車用の専用免許を付与する規制案を公表した。しかし完全な自動運転車を目指すグーグル社は、技術の発展を妨げるとしてこれに反発している。[注45] どのような局面であれ、制御システム（ＡＩ）に任せて走行していた時に車が「自動的」に第三者を殺傷してしまった場合は誰の責任（刑事・民事）となるのか、今のところ議論は整理されていない。航空機では複数の操縦者（機長と副操縦士、教官と練習生など）が搭乗している場合、どちらが操縦を担当しているのか「You Have, I have」の応答で確認して責任を明確にしているが、自動運転車ではきわめて曖昧である。

自動運転の「レベル４」では一定の条件下（ＯＤＤ）では無人運転であるが、自動運転が成立しない状況では「レベル３」以下に戻るのでドライバーの関与が存在する。もしシステムに任せて走行していて人を轢いてしまった場合、ドライバーは「予見性はなかった」「システムに欠陥があった」等々として責任を拒否するであろう。一方でシステムの欠陥を主張した場合にはメーカーは全力を挙げて抵抗するであろう。加害者不祥の状態に陥り被害者は放置されることになる。いわば「ＡＩによるひき逃げ」である。かりに「レベル５」であっても自動運転車が第三者を死傷させた場合に、救護・通報義務は誰がどのように負うのであろうか。

交通事故・交通違反の際に、複数の人間が乗車していると警察官から「運転していたのは誰か」を厳しく聴取される。このため「替え玉事件（虚偽申告）」が発生するほど重大な責任問題である。システムの異常等で人間に操作が渡された時に、対応せず事故に至った場合は過失責任を問われる可能性がある。法律家によると、あくまで理論的な可能性ではあるが、複数の搭乗者がいた場合は平等に対応すべき義務を負うと考えられ、誰も対応しなければ共同正犯になりうるという[注46]。さらに過失の度合いは自動運転のレベルによっても異なるため判断はいっそう複雑になる。このような課題は現時点では全く整理されていない。

警察庁は「レベル４」までは指針を提示しており飲酒・睡眠は不可としているが、「レベル５」に対してはまだ何も対応はない。また「レベル５」になると運転免許不要で飲酒や睡眠も可能かといえば、法的にはそれも簡単ではないようである。完全自動運転といえども行き先を指定して出発させる操作は人間の意志によるのであって、飲酒や薬物の影響下で運転することが禁じられているとすれば、出発させる操作自体が違法となる可能性があるとの指摘もある。[注47]

　警察庁では「自動運転」のサイト[注48]を設けているが「現在実用化されている『自動運転』機能は、完全な自動運転ではありません」として説明を放棄している。また「自動走行システムに関する公道実証実験のためのガイドライン」[注49]を示しているが、ドライバーの同乗を条件としており、当然ながら「道路交通法を始めとする関係法令を遵守して走行すること」としている。いわゆる「流れに乗って」という現実の路上での制限速度超過などをどのように処理するのか全く整理されていない。その他、最近の動向についてはいくつか報告がある。[注50・51]

　自動運転車が車内・車外の人間あるいは財物に被害を及ぼした場合は、無過失責任の考え方に立つＰＬ法（製造物責任法）[注52]の議論になると考えられる。企業訴訟の事例として現在もしばしば取り上げられる森永ヒ素ミルク、サリドマイド、スモン等の事案はＰＬ法成立以前であったため民事訴訟の枠組みで争われた。ＰＬ法は一九七〇年代に議論が始まり、一九九一～九二年に日弁連・公明党・社会党試案が提示されたが、自民党が強く抵抗して実現せず、一九九四年になって細川内閣で成立した。

　この時期に「ネコ電子レンジ事件」が流布された。屋外から濡れて戻ってきた猫を温めようと飼主が猫を電子レンジに入れたところ死んでしまったため、「動物を入れるな」という注意書がなかった点が瑕疵であるとしてメーカーを訴えたという内容である。筆者はこの時期に民間企業に在籍していたが、当時の企業はＰＬ法に強い抵抗を示しており、そんなことまで賠償しなければならなくなるからＰＬ法に抵抗すべきだという評価が一般的であった。現在ではこの事件はＰＬ法に否定的な世論を惹起するための作り話と考えられているが、当時筆者の周辺でも実話として大真面目に取り上げられていた。

現在はＰＬ法が施行されているが、法そのものは極めて短い抽象的な条文しかない。ＰＬ法が適用される条件は「当該製造物が通常有すべき安全性」を欠いていることであるが、法律には具体的な定義はなく判例の積み重ねによる運用が想定されていた。自動運転車では条件があまりにも複雑であり、それが何にあたるのか全く整理されていない。現状ではＰＬ法に基づく訴訟に対していかに防衛するかという企業側の視点での検討がほとんどであり、被害者側の視点での検討は少ない。

企業側の視点に立てば自動運転車のシステムの不適切な動作によって事故を起こした場合、それが極めて特殊な条件であり「通常有すべき」には該当しないとして免責を主張する可能性が大きい。ここにもディレンマがあり、人間が関与しない「レベル５」であれば、議論はＰＬ法の範囲に限定されるかもしれないが「レベル４」までの段階では何らかの人間の過失が介在しうるので、ＰＬ法だけでは済まない。また前述のように人間からみてＡＩが明らかに不自然あるいは危険な操作を行った場合に備えて、少なくとも非常停止ボタンを設けるべきであるという考え方もあるだろうが、そうなると「レベル５」でもやはり人間の関与が残ることになる。

法的には現状よりも厄介な問題が発生することになるだろう。システム提供者の指示に従って自動運転で走行していたところ車が「勝手に」人を轢いてしまった場合、機械的な欠陥を除けば制御システムの欠陥が疑われる。しかし、その立証は簡単ではない。日本におけるＰＬ法の訴訟・和解事例は消費者庁が取りまとめているが[注53]、自動運転車に対応できるような事例は見いだせない。自動車に特化した組織として「自動車製造物責任相談センター」[注54]があるが自動運転車にはまだ対応していない。また同センターの相談員は自動車メーカーからの出向者が多くを占めることから、中立な評価が行われているかを疑問視する質問が国会において提出されたことがある。[注55]

国土交通省は「レベル３」から「４」程度を対象に自動運転に関する損害賠償の検討[注56]を行っている。テーマは現行の自動車損害賠償保障法（いわゆる強制保険）は維持すべきこと、ハッキング（外部からの介入による誤作動など）事故は盗難車による事故に準じる扱い、自動運転中の自損事故はユーザーの任意保険でカバーすること、自動運転のソフトウェアのアップデート不履行等は利用者の責任範囲とすること、地図等のデータの誤りによる事故は自動車の構造上の欠陥にあたると考えるなどの記述がある。ＰＬ法との関連は在来車と同様の考え方で、まず自動車保有者が責任を負い、それが製造物の欠陥であると判明した場合にはメーカーにその損害を求償するとしている。

しかし国土交通省の検討は民事部分だけであって刑事部分の議論はない。さらに車両提供者とシステム提供者が別であったり、さらに海外企業であったりすればますます厄介となる。単独の自動運転車についても状況によってはＡＩが主体かドライバーが主体か頻繁に入れ替わる場合があり、さらに自動運転車と非自動運転車が相互に当事者となった場合など、条件が複雑に枝分かれして少なくとも現在の法体系では対処不能である。ソフトウェアあるいは制御・通信システムに悪意ある者が介在（ハッキング等）したらどうするかという議論もあるが、[注57]問題はそれ以前の話である。

ＰＬ法ではソフトウェア単体は「製造物」とみなされず法の対象とはならないが、製造物に組み込まれたソフトウェアは「製造物」を構成する要素であるから法の対象になる。一方で被害者側からみると、もしＰＬ法が適用できなければ個別の訴訟を提起してプログラムの瑕疵および製造者の予見可能性を立証しなければならない場合がある。[注58] ハード的な問題は後からでも検証できるがソフトでは困難である。被害者側が、かりに専門家の協力を得たとしても前述のように一億ステップにも達するといわれるプログラムを解析して、かつ予見可能性・回避可能性を立証するのは不可能であろう。前述のようにＡＩのディープラーニングによる判断は「ブラックボックス問題」と言われ、開発者でさえもその過程を分析できない。このためメーカーは「予見性・回避性がない」として責任を認めないであろう。すなわち一九五五年の自動車損害賠償保障法の施行から半世紀以上経ったいま、昔に戻って「轢かれ損」が発生する。

さらに懸念されることは、メーカーおよびドライバーの責任を回避するために、歩行者・自転車の通行を規制する通信端末を持たせる、それを持たずに被害に遭えば歩行者・自転車側の責任とする等の提案が登場していることである。

なお経済的賠償は強制保険と任意保険で構成されているが、自動運転車の場合、その加入者は誰なのかという問題も出てくる。

注

注1　谷口礼史「高齢運転者事故対策としての先進安全自動車の普及促進」『安全工学』五六巻三号、二〇一七年、一五九頁

注2　松原大典「自動運転時代の交通インフラの役割」『交通工学』五四巻一号、二〇一九年、三八頁

注3　山本龍彦編『ＡＩと憲法』日本経済新聞社、二〇一八年

注4　小川進『防犯カメラによる冤罪』緑風出版、二〇一四年、四頁

注5　富士通（株）「インフォグラフィックでみる『説明可能なＡＩ』の正体」
https://journal.jp.fujitsu.com/2019/01/17/02/

注6　木下聡子・西村秀和「自動運転車周辺の交通安全を確保するための抽象的約定」『安全工学』五七巻三号、二一六頁

注7　冷泉彰彦『自動運転「戦場」ルポ』朝日新書№六七八、二〇一八年

注8　森田玉雪・馬奈木俊介「自動運転車が生み出す需要と社会的ジレンマ」（独）経済産業研究所、RIETI Discussion Paper Series 18-J-004

注9　ニューズウィーク日本版Ｗｅｂ「自動運転車は「どの命を救うべきか」世界規模の思考実験によると…」二〇一八年一二月一〇日 https://www.newsweekjapan.jp/stories/technology/2018/12/post-11392_2.php

注10　「自律走行車は誰を犠牲にすればいいのか?「トロッコ問題」を巡る新しい課題」ＷＩＲＥＤ　https://wired.jp/2019/01/02/moral-machine/

注11　https://science.srad.jp/story/16/10/29/0720258/

注12　「自律走行車が増えると強引に横断する歩行者が増える?」
https://science.srad.jp/story/16/10/29/0720258/#comments
原典Pedestrians, Autonomous Vehicles, and Cities　https://journals.sagepub.com/doi/abs/10.1177/0739456X16675674

注13　https://srad.jp/story/16/10/18/0545237/

注14　「自動走行システムに関する公道実証実験のためのガイドライン」 https://www.npa.go.jp/koutsuu/kikaku/gaideline.pdf

注15　『日経』二〇一九年三月八日「自動運転走行実績、グーグル系が圧倒 アップルも三位」

注16 https://www.npa.go.jp/koutsuu/kikaku/seatbelt/npa_jaf_research30.pdf

注17 横山利夫・藤田進太郎・武田政宣「自動運転技術の現状と今後」『安全工学』五四巻三号、二〇一五年、一六九頁

注18 大前学「自動車の自動運転技術の概要と課題」『安全工学』五六巻三号、二〇一七年、一六六頁

注19 久保克弘・村田義人・山本景子・西崎友規子「他者受容性が自動運転システムの音声案内への反応に与える影響」日本認知心理学会。https://www.jstage.jst.go.jp/article/cogpsy/2017/0/2017_31/_pdf/-char/ja

注20 「テスラ・日産・ボルボ・GMの半自動運転システムの性能をコンシューマー・レポートが評価、求められる安全性とは？」。https://gigazine.net/news/20181005-consumer-reports-automated-driving-systems-test/

注21 個人投稿動画「高齢者によるプリウスの事故の原因はここにある？」これは一例であり他にも多くの指摘がみられる。https://www.youtube.com/watch?v=5pCp373hD6Q

注22 日産「リーフ」公式サイト。https://www3.nissan.co.jp/vehicles/new/leaf.html

注23 警察庁「技術開発の方向性に即した自動運転の段階的実現に向けた調査検討委員会報告書」二〇一八年三月 https://www.npa.go.jp/bureau/traffic/council/jidounten/2017houkokusyo.pdf

注24 アーサー・ディ・リトル・ジャパン『モビリティー進化論』日経BP社、二〇一八年、一二二頁

注25 冷泉彰彦『自動運転「戦場」ルポ』朝日新書№六七八、二〇一八年、一七〇頁

注26 冷泉彰彦（前掲）、七八頁

注27 国土交通省「平成二七年度全国道路・街路交通情勢調査一般交通量調査集計表」http://www.mlit.go.jp/road/census/h27/

注28 鈴木基也「GPS電波を乗っ取る『偽電波作戦』」『軍事研究』二〇〇九年八月号、二一四頁

注29 二〇一九年五月三日TBS「ひるおび」放送ほか各社報道

注30 「グーグルマップに不具合　ゼンリンとの契約変更か」『日本経済新聞』二〇一九年三月二四日

注31 鈴木洋子「グーグルマップ異変の裏にデジタル地図『一強時代終了』の構図」ダイヤモンドオンライン http://diamond.jp/articles/-/199084

注32 毎日新聞社ウェブサイト。https://www.mainichi.co.jp/event/aw/anzen/slogan/archive.html

注33 上岡直見『脱クルマ入門』北斗出版、一九八八年

注34 冷泉彰彦『自動運転「戦場」ルポ』朝日新書№六七八、二〇一八年、一六二頁

注35 杉田聡『野蛮なクルマ社会』北斗出版、一九九三年、六五頁

注36 矢野伸裕・森健二「歩車間コミュニケーションと運転者の譲り合図の効果について」第五八回土木計画学研究発表会・講演集ＣＤ―ＲＯＭ、二〇一八年一一月

注37 日産プレスリリース「Nissan IDS Concept 日産が目指す未来のＥＶと自動運転を具現化した革新的コンセプトカー」二〇一五年一〇月二八日。https://newsroom.nissan-global.com/releases/release-3fa9beacb4b8c4dcd864768b4800bd67-151028-01-j?year=2015　名古屋大学未来社会創造機構「ゆっくり自動運転」プロジェクト。http://www.coi.nagoya-u.ac.jp/develop/center/slocal

注38 http://www.kokusen.go.jp/t_box/data/t_box-faq_qa2017_07.html

注39 「自動運転カーが走り出すと交通渋滞が劇的に悪化する」『Ｇｉｇａｚｉｎｅ』二〇一五年一月二七日。http://gigazine.net/news/20150127-driverless-cars-traffic/

注40 工保淳也・藤生慎・髙山純一・中山晶一朗「交通流シミュレータを用いた自律型自動運転自動車の交通流への影響分析」第五五回土木計画学研究発表会・講演集ＣＤ―ＲＯＭ、二〇一七年六月

注41 ＪＲ東日本「Ｓｕｉｃａに関するデータの社外への提供について」。http://www.jreast.co.jp/pdf/20140320_suica.pdf 二〇一五年九月に「個人情報の保護に関する法律」の改正が行われて匿名加工情報が規定されるなどの状況を受け、ＪＲ東日本はＳｕｉｃａデータの社外提供に関する有識者会議を開催する等の対応を行っている。

注42 オムロン（株）「弊社グループ会社の研究開発における画像情報利用に関するお詫び」http://www.omron.co.jp/press/2014/07/c0712.html

注43 「位置情報で日常［捕捉］、ジャパンタクシーに行政指導」『日本経済新聞』二〇一九年三月二四日

注44 今井猛嘉「自動化運転を巡る法的諸問題」『国際交通安全学会誌』四〇巻二号、二〇一五年、一三四頁

注45 『SankeiBiz』二〇一五年一二月一九日。http://www.sankeibiz.jp/express/news/151219/exb1512190000001-n1.htm

注46 今井猛嘉・前出、一三六頁

注47 「豪全国交通委員会、自律走行車の飲酒運転について意見を求める」https://opensource.srad.jp/story/17/10/08/1816229/

注48 https://www.npa.go.jp/bureau/traffic/selfdriving/index.html

注49 「自動走行システムに関する公道実証実験のためのガイドライン」https://www.npa.go.jp/koutsu/kikaku/gaideline.pdf

注50 中山幸二「自動運転をめぐる法整備の動向と将来予測」交通安全環境研究所フォーラム二〇一六 講演概要集講演資料。https://www.ntsel.go.jp/forum/2016files/11124_invited1.pdf

注51 警察庁「自動走行の制度的課題等に関する調査研究」。https://www.npa.go.jp/koutsu/kikaku/jidosoko/kentoiinkai/report/honbun.pdf

注52 http://elaws.e-gov.go.jp/search/elawsSearch/elaws_search/lsg0500/detail?lawId=406AC0000000085&openerCode=1

注53 消費者庁「製造物責任（PL）法による訴訟情報の収集」https://www.caa.go.jp/policies/policy/consumer_safety/other/product_liability_act/

注54 （公財）自動車製造物責任相談センター、http://www.adr.or.jp/ その他各業界にPL法センターが設けられている

注55 第一五四回国会衆議院質問主意書（平成四年三月五日提出質問第三九号）

注56 国土交通省自動車局「自動運転における損害賠償責任に関する研究会」http://www.mlit.go.jp/common/001226365.pdf

注57 松浦和也「自動運転車の事故はだれが責任をとるべきか」『東洋経済オンライン』二〇一九年二月二日 https://toyokeizai.net/articles/-/261744

注58 今井猛嘉・前出、一三七頁

第三章　自動運転車と交通事故

自動運転車と事故

現在の自動車と称する移動手段はなんら「自動」車ではない。「自動」とは「走行動力が人力あるいは畜力ではない」というだけで、部分的に運転支援システムが導入されているものの大部分の操作は手動・足動にすぎない。日本だけでも一九四五年以降これまで累積で六四万人の死者と四四〇〇万人の負傷者が発生したのはまさにそれが理由である。馬には一定の知能と自律性があるから馬車のほうがまだましなくらいである。もっともピエール・キュリー（物理学者・ノーベル賞受賞）のように馬車の交通事故で死亡した歴史上の著名人は少なくないが。

近代以降の工学技術では、さまざまな分野で「自動化」が大きなテーマとなっている。一般人が操作する機会はないが航空機も巡航中の自動操縦はかなり以前から実用化され、現在では全自動着陸も可能となっている（ただし自動操縦への依存による技能低下を防ぐため、実際のパイロットは自動着陸を使用しない）。家電製品でさえ自動化が普及し、洗濯機は洗濯物を投入してボタンを押せば、洗濯・すすぎ・脱水まで実行される。その観点でみれば、世界中に乗用車が九億七三〇〇万台、トラック・バスが三億五一〇〇万台普及[注1]（統計不明の国を除く）しながら、意外にも自動化から最も取り残されている。これにはその背景あるいは必然性があると考えるべきであろう。大橋伸夫は次のように指摘している。[注2]

目的としての移動は多少様相を異にする。これは散歩、サイクリング、自動車や電車ののりまわしなどであり、移動のプロセスそのものを楽しむのである。ここで問題にするのは自動車ののりまわしである。移動の道具として発明された自動車は、現代資本主義の働きの中で魔性が付加されている。物欲の面ではある種の優越感を、運動神経の面では操作技術の若干の難しさによって技能の向上感を、メカニズムの面では時々起こる故障が満足感を与えた。人間関係のわずらわしさにはプライバシー空間として作用し、ガラスを内側から曇らせることやリクライニング・シートとの組合せによって、アバンチュールへの期待感をあおった。

たまたまSUV車(Sports Utility Vehicle)[注3]の愛好者の車に同乗したことがあるが、特に運転上の必要があるとは思われないのにしばしばギアチェンジしたり、二輪駆動と四輪駆動の切り替えなどさまざまなオプション機能の使用を試み、たしかに「操作技術の若干の難しさによって技能の向上感」を楽しみとしているようであった。自動運転車が普及してもこうした「保守的」なドライバーは一定数残存するはずであり、それを法的に禁止することは考えにくい以上は「自動」車と「非自動」車との混在はおそらく永久に続くであろう。

自動運転の目的として第一に挙げられるテーマは交通事故の防止である。しかし「自動化すれば人間のエラーが介在しないから安全になる」という期待は、自動運転の内容をよく理解していないための誤解である。まず現状の交通事故の実態にもとづいて、どうして交通事故が起きるのか、そのうちどの部分に自動運転を適用すれば効果があるのか(ないのか)を検討することが必要であろう。さらに自動運転のレベル(詳しくは後述)が上がるほどドライバー自身の操作が不要、すなわち安全はドライバー自身でなくシステムに依存するとなると、それは車ではなく公共交通に近い性格に変化する。それに伴って安全性については、鉄道なみとまでは行かなくとも、少なくとも在来の車と同程度のリスク水準を達成しただけでは社会的に容認されず、桁ちがいの安全性が求められることになるだろう。

グーグルは二〇〇九年頃から米国カリフォルニア州で公道走行実験を開始し、二〇一五年四月までに一六〇万kmの走行実績に至るまで事故を起こしていないとしているが[注4]、その後走行実績を伸ばすとともに事故が記録されている。全世界での各社の自動運転車の累積走行距離の合計については、情報を公開していない企業もあるので明確な統計がないが、報道等を総合すると現時点（二〇一九年四月）では三〇〇〇～四〇〇〇万kmに達しているものと思われる。感覚的にいうとおよそ地球一〇〇〇周である。一方でこの間に記録されているだけで表3―1に示すように重大事故（うち三件死亡事故）が発生している。一見すると走行距離に対して死亡事故は少ないように感じるが、確率としてみれば、これはとうてい許容できない数値である。

自動車の総走行距離は日本国内だけでも年間七二〇〇億kmに達する。この距離に対して前述の自動運転における死亡事故の確率を適用すれば年間約七万人の死者に相当し、これでは一九五五～六五年ころの「第一次交通戦争」、一九八〇年代の「第二次交通戦争」の年間一万人台をはるかに超えて「第三次交通戦争」が起きてしまう。二〇一八年三月のテスラの事故では、部分的な自動運転機能が作動しており、車線・車間維持システムが作動していたが、六秒前にシステム側がドライバーに対して操作の交替を求めるアラームを発していたにもかかわらずドライバーが対応せず衝突した。

日本国内では、二〇一三年一一月にマツダの自動ブレーキ車両の体験搭乗会（公道外）で、先行車に見立てたマットを対象に自動ブレーキが作動する体験を試みていたところ、所定の機能が作動せず車両がフェンスに衝突して重傷者が発生する事故が起きた。同社のシステムでは時速四～三〇kmでブレーキが作動するように設計され、アクセルが一定以上踏み込まれた状態や時速三〇km以上では作動しない設定となっていた。ドライバー（一般人）が設定条件を超える速度で運転し、かつ販売店添乗員の説明不足（または添乗員がシステムを理解していなかった）のために自動ブレーキが作動しなかったという。いずれにしても今後、自動運転のレベルが上がるほど、メーカーあるいは販売店の担当者は一般ユーザーに対して複雑な説明をしなければならないが、自動運転のレベルでいえば「レベル1」程度の機能でさえこの状態では将来は暗い。自動運転のレベルが上がると、販売店担当者どころか設計者でさえシステムの動きを説明できないブラックボックスが増えてゆく。

表3—1　米国での重大事故例

日時・場所	企業	状況
二〇一六年九月 米カリフォルニア州	グーグル	路肩の砂袋を障害物として検知していったん停止、進路を変更し発進したところバスと衝突した。双方とも低速のため負傷者なし。
二〇一六年五月 米フロリダ州	テスラ	部分自動運転中。信号のない交差点で白いトレーラーを認識できず衝突。速度が出たまま衝突と思われドライバー死亡。
二〇一八年三月 米アリゾナ州	ウーバー	自動運転中。夜間に自転車を押し歩きで道路を横断していた歩行者を認識できず時速六〇km程度で衝突し歩行者死亡。搭乗中の添乗員は無傷。
二〇一八年三月 米カリフォルニア州	テスラ	部分的な自動運転中。高速道路の分離帯に直接衝突。ドライバー死亡。直前にシステムから人間制御を要求したが従わず。

マツダの事故では、後日、ドライバーと販売店添乗員の双方が書類送検されたが、車両についてはシステムに異常はみられなかったとして不問に付されている。「異常はない」というのは「国交省の技術基準（当時）があり、各メーカーはその基準をクリアしたシステムを装備しており、その範囲での異常はみられなかった」という意味であるが、現実に運転者が想定外の操作を行ったために事故が起こっている。速度が高くなるほどリスクが高まるにもかかわらず、速度が高くなると自動ブレーキが作用しないという設定自体が不可解であるが、その点の責任は問われないのだろうか。なおこの事故の前日には、自動運転車の公道実証実験に安倍首相が試乗して「さすがに日本の技術は世界一だなと体で感じた」と記者団にコメントしていた[注5]。

二〇一九年三月時点での報道によると、表3―2に示すように二〇一八年度のカリフォルニア州での公道走行実験はウェイモ（グーグル）の実績が大きく伸び年間二〇〇万kmを超えたという[注6]。また人間の介入を要した頻度も報告されている。各社の実績は表3―2のように集計されている（上位五社を表示）。また二〇一八年一〇月の時点で同社の公道累積走行距離は一六〇〇万kmに達し、今後さらに急速に伸びる見込みである。介入頻度は［km／回］で表示している。

この数字が大きいほど人間の介入が少なくて済む、すなわち自動化が進展しているとみなされるが、アップルと他社を比較すると介入頻度に極端な差がある。アップルで一・八kmに一回とするとほぼ数分おきに人間の介入が求められることになり、これでは自動運転とはいえない。ただしアップルの制御システムの能力が他社に比べて桁ちがいに低いとは考えにくいので、実験のためあえて人間の介入が起きやすく設定してデータを集めているとも考えられる。

表3―2　二〇一八年のカリフォルニア州走行実績

		走行実績（km）	人間の介入頻度（km／回）
1	ウェイモ（グーグル）（米国）	二〇二万一〇〇〇	一万七七〇〇
2	GMクルーズ（米国）	七二万	八三八〇
3	アップル（米国）	一二万八〇〇〇	一・八
4	オーロラ（米国）	五万	一五二
5	ズークス（米国）	五万	三〇九〇

交通事故は構造的な問題

米国の銃規制に関する議論で、規制に反対する側の「銃が人を殺すのではない、人が人を殺すのだ」というキャッチコピーが知られている。すなわち問題の所在は銃の存在そのものではなく使い方にあるという主張である。米国の統計によると一日平均で約九二人が銃によって死亡しており、そのうち三〇人が殺人、五八人が自殺であるという。[注7]これを除くと純粋な事故（過失）は四人となる。銃の存在そのものが犯罪を誘発するという観点を別として、「故意か過失か」の分類のみで比較すれば故意の比率が圧倒的に多いから、「人が人を」すなわち使い方の側面を重視する議論にも妥当性はあるだろう。

一方で交通事故に関しても同様に「車が悪いのではなく使い方の問題だ」という主張がある。しかしデータをみれば銃とは全く異なる。故意の交通事故（車を意図的に殺傷・破壊の手段に使用する）はごく希であり、飲酒・危険運転等を故意に計上しても、交通事故の九五％以上は過失である。[注8]すなわち交通事故の構造は「車が人を殺す」のである。しかも交通事故では、銃規制の議論のように「犯罪者が銃を持っているから市民が銃で自衛する権利が必要」という関係は存在しない。図３―１は都道府県別の年間自動車走行距離[注9]と交通事故死者数[注10]の相関であるが、ほぼ完璧な直線関係がみられる。すなわち自動車が走行すればするだけ人命が失われる。

「○○県は運転マナーが悪い」等の通説があり都道府県別の状況を調査した報告[注11]もあるが、交通事故に関してはそのような要因はほとんど関係しない。大都市から農山村まで車があふれ「国民皆免許」と言われるほど誰もが運転しているのだから統計学でいう「大数《たいすう》の法則（サイコロを何回も投げ続けると出る数の出現確率は一定に収束する）」と同じように、マナーや心がけの問題ではなく確率の問題である。交通事故の最も大きな要因は自動車の走行距離であり、図の右上の突出して高いデータは、交通事故死者が一六年連続（二〇一八年現在）して全国ワースト一位の愛知県である。愛知県では「ワースト一位返上」のキャンペーンが繰り返されているが、自動車の走行距離を抑制しないかぎりは実現しないだろう。

ただし二〇一三年と二〇一五年を比べると線の傾きが多少緩くなっている。すなわち同じ走行距離に対して交通事故死者の発生率が多少低下している。これは全国的な交通事故対策により、あるていどの事故削減効果が発揮されていることを示す。このためかつては年間一万人を超えていた死者が現在は四〇〇〇人を割るまでになっている。一方で近年は高齢者の運転に起因する事故が増えている。

図３―１　都道府県別の自動車走行量と交通事故死者数

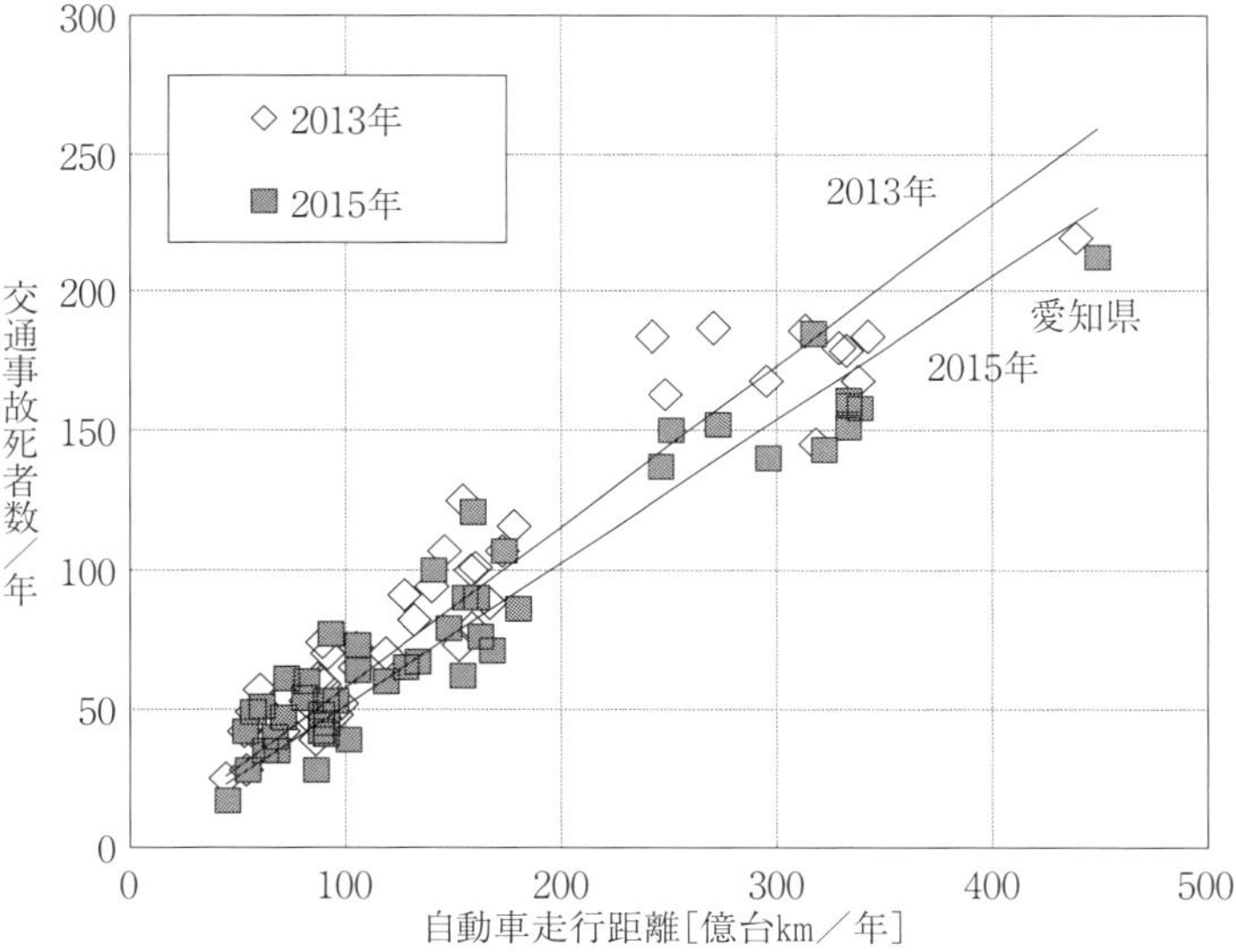

八〇歳代までゴールド免許を維持していた男性が死亡事故を起こすなど悲惨な事例も全国で繰り返し発生している。[注12]

　被害者側にしてみれば、故意の飲酒や危険運転でないからといって許容できる問題ではない。高齢者の免許返納運動も呼びかけられているが、移動に関する代替手段がない地域では容易に免許返納に応じることもできない。[注13] さらに自動車の運転が高齢者にとっては自身の人間像を形成する重要な要素であるとの指摘もみられる。[注14] 免許更新時に講習義務付け（七〇歳以上）、講習予備検査義務付け（七五歳以上）の対策が行われているが、それをクリアしていても高齢が要因と思われる事故が発生しており実効性は確実ではない。交通事故は人口密度と密接に関連する。単純に考えると「人が多い地域では交

図３―２　ＤＩＤ人口密度と人口当たり交通事故死数の関係

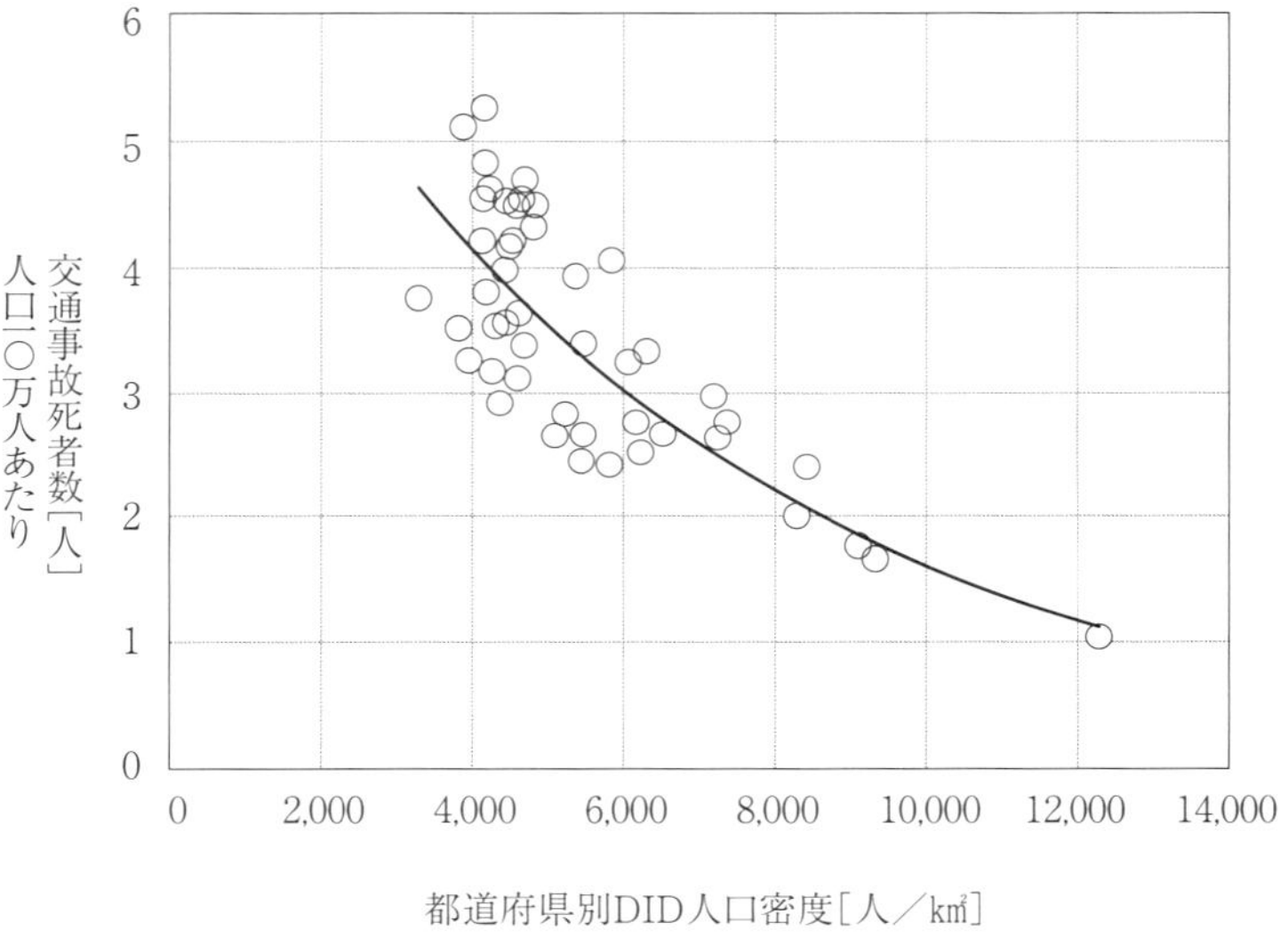

通事故が多い」と想像するが実際は逆である。

図３―２は都道府県別のＤＩＤ（Densely Inhabited District・人口集中地区）の人口密度と人口当たり交通事故死者数の関係を示す。注15ＤＩＤとは総務省の定義で「市区町村の区域内で人口密度が一平方km あたり四〇〇〇人以上の地区が隣接して人口が五〇〇〇人以上となる地区」とされる。概略の概念としては市街地と考えればよい。ＤＩＤの人口密度が低いほど人口あたりの交通事故死者数が多い。森本章倫らは「都市のコンパクト化によって交通手段が自動車から公共交通及び自転車、徒歩へ転換されることで自動車利用が抑制される。また、職住近接のライフスタイル等になることで、トリップ長が短縮される。よって、交通事故に遭う確率が低減され，交通安全性が高くなると考えられる」と述べている。注16

交通事故の防止には厳罰化・規制強化が必

図3―3　ひき逃げ件数の経年変化

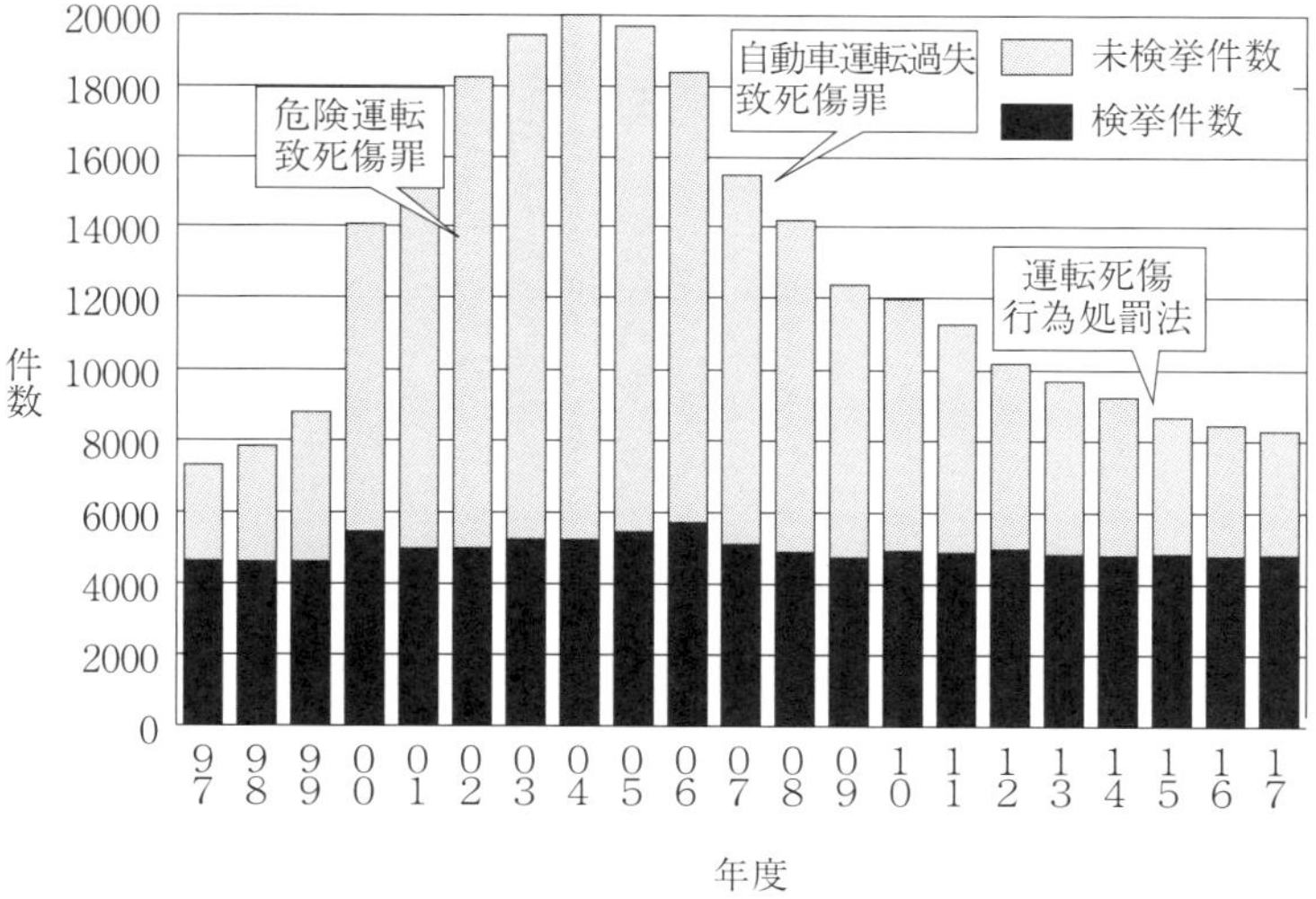

要との意見が常に主張されるが、人口あたりの交通事故被害リスクを低下させるには役立たないとの指摘もある。[注17]むしろ厳罰化がひき逃げを助長する可能性も指摘されていた。[注18]二〇〇一年には、業務上過失の観点を改め犯罪性を重視した「危険運転致死傷罪」新設（刑法改正）、二〇〇七年には、前述の危険運転が適用されない過失においても罰則を強化した「自動車運転過失致死傷罪」を新設（刑法改正）、二〇一四年には、運転の悪質性や危険性等の実態に応じた処罰、違法薬物や「重ね飲み（酒気帯び運転の疑いで呼気検査を指示される直前に故意に飲酒し、検査値を無効にしようとする行為）」行為なども対象とした「自動車の運転により人を死傷させる行為等の処罰に関する法律（新法）」など重罰化の枠組みが作られた。

それにもかかわらず、二〇〇〇年代にはひき逃げが急増するなど逆行現象が発生した。

現在も飲酒運転・ひき逃げは後を絶たず対策は手詰まり状態である。
図3―3はひき逃げ件数と検挙件数の推移である。[注19] 二〇〇〇年からひき逃げ件数が急増しており、二〇〇一年の「危険運転致死傷罪」の新設は効果がみられない。また二〇〇七年の「自動車運転過失致死傷罪」の新設とは関係なくそれ以前から件数の減少が始まっている。またひき逃げ件数のうち検挙件数は毎年ほとんど一定で、総件数の増減にかかわらず検挙数があまり変わらない状況はきわめて不自然である。

日本の運転慣習と自動運転

日本の道路交通は以前から「車は一流、ドライバーは三流」と表現され、工業製品としての自動車の品質は高いが運転マナーは劣悪である。筆者が自動車教習所の路上課程で公道を走行していたとき、信号機のない横断歩道で歩行者が渡ろうとしていたので法令どおり停止したところ、指導員から「こんな所で歩行者を渡らせると対向車に跳ねられるから、渡らせないほうがよい」と指摘されて驚いたことがある。もとより指導員は法令違反を奨励する意図ではなく、長年の経験から現実の路上ではそうせざるをえないという助言なのであろう。

それから数十年後のいまでも事態は改善していない。インターネット上に掲載されていた事例では、信号機のない横断歩道で歩行者（子ども）を見て停止していたところ、後続車が待ちきれず右側から追い越しをかけて横断中の子どもを跳ねた。幸い軽傷で済んだが後続車のドライバーから「お前が停まったからこんなことになった」と罵倒された。もちろん加害者の法令違反であり警察に検挙されたが、停止したドライバーは精神的な負担を感じたという。[注20] この書き込みに対して同様の経験が多く寄せられ、中にはこのような事故を避けるために、横断しようとする歩行者がいても渡らせないように「配慮」しているというコメントもあった。

日常的に車を利用している人が自動運転に対してごく自然に抱く疑問は「自動運転車が教習所で教わるような模範運転をするとしたら、現実の道路上でそれが受け入れられるのか」という点ではないだろうか。

前述の交通安全標語の二〇一五年には「日本の　運転マナーを　世界遺産に（運転車者向け佳作）」という作品がある。しかし後を絶たない飲酒運転やひき逃げ、歩道に乗り上げ駐車、横断歩道で停まらない、あおり運転、運転席からのごみや煙草の吸殻の投げ捨てなど、日本の運転マナーはとうてい世界の共通模範になる水準ではない。「世界遺産になるように改善を目指そう」という逆説的な意味なのだろうか。

飲酒運転による事故やひき逃げが発生すると、そのドライバー個人を非難する言説が沸き起こる。これは、悪質なドライバーは全体のごく一部という認識とともに、自分はそれには該当しないという主観に基づいているのであろう。ドライブレコーダーの普及に伴い、危険運転を記録した動画がインターネット上に多数公開されているが、その撮影者は良識的なドライバーだと自認しているのだろうか。かりに相手の不注意だとしても、まずブレーキを踏むべき状況なのにクラクションで相手を威嚇したり、反射的に罵声を浴びせる様子が数多く記録されている。こうした攻撃的なドライバーはいずれ本人が加害者になるであろう。悪質なドライバーが比率として一部であるとしても、日本全体の自動車交通量が膨大であるから事故の総数が多くなることは避けられない。

日本で新規に免許を取得するには、自動車普及国の中では厳しい課程があり時間と費用もかかるが、そのわりにはマナー・モラルが低い。[注21]海外と比較すると、日本における自動車走行kmあたりの事故死者数は、自動車普及国のうち米国・韓国を除く他のすべての国よりも多く、また全死者のうち歩行者・自転車の割合が特に高い。[注22]「あおり運転」など海外ではみられない粗暴な行為がみられる。もっとも米国では、相手が銃を持っている可能性があるので「あおり運転」は自制されているだけだという見解もある。[注23]

自動運転車は法令を順守するとしても自動運転ではない他車の行動はコントロールできない。道路上のすべての車が自動運転になり相互に情報交換（V2V・Vehicle to Vehicle）システムが確立すればよいが、実験都市（特区）等は別として実際の路上で自動運転車以外の走行禁止などの強硬措置が可能とは思われない。自動運転車と在来車の混在が避けられない以上は、自動車と在来車の挙動の相違に起因する事故が増加する可能性もある。

重大事故に至らないまでも、現実の路上では軽微なものではクラクションによる威嚇、所かまわず路上駐車、運転方法を巡っての言い争いなど、マナーをわきまえないドライバーがあふれている。かりに自動運転車が普及して一般ユーザーが容易に購入できるようになったとしても、こうしたドライバーが、自分の意志に反してＡＩによって自動的にブレーキをかけられるなど模範運転を「強制」されるような自動運転車を購入することはないだろう。

車と歩行者の関係

以前にドイツを訪問した時、日本との運転慣習の違いに驚いた。信号のない横断歩道であっても、歩行者が渡ろうとしているとかなり遠方から減速して止まる意志を示してくれるので安心して横断できる。どうせ停車するのだから早めにアクセルをオフにすれば燃料を無駄に消費しなくて済むという合理性もあるのだろう。さらに人間は一定の目的、たとえば横断歩道の手前で停車しようという意図を持っていても、最終段階でふと気が抜けたり別のことに気を取られて、最終の動作を忘れることがある。しかし仮にそのようなミスがあったとしても、衝突を避ける余裕があるくらいにスピードを落としていれば歩行者側の被害は著しく軽減される。

交通事故死者のうち、歩行者と自転車が占める比率は、日本が五二%に対してドイツは二七%である。[注24] 歩行者が信号に従って横断歩道を渡っていても、自分の運転技術やブレーキ性能に自信があるためなのか直近まで速度を緩めず接近し、停止線を越えて横断歩道に迫る日本の運転マナーと比較するとこの差は当然である。

日本では道路横断中の車対人の死亡事故のうち四二%が横断歩道上あるいはその付近で発生している。横断歩道も歩行者の安全を担保する設備としては機能していない。死亡事故の経年的な変化をみると、一九九五年から二〇一五年までの二〇年間で死亡者総数は一万〇二二七人から四〇二八人まで減少しており、事故対策が一定の成果を挙げたと認められる。しかし内訳では、乗車中の死者が同期間で六五％減少しているのに対して歩行者の死者は四九％の減少であり、改善率が低い。これは事故対策の中で相対的に歩行者が軽視されていることを示すのではないか。

前述の交通安全標語[注25]の中に、有名な「とび出すな　車は急に　止まれない（一九六七年こども部門内閣総理大臣賞）」という入選作がある。同じく「せまい日本　そんなに急いで　どこへ行く（一九七三年運転者向け内閣総理大臣賞）」は交通標語にとどまらず流行語にもなった。「とび出すな」に関しては、ドライバーに対する注意喚起を等閑視して歩行者（特に子ども）に不合理な負担を求めるものとの批判があり、後年にはそれに配慮したのか「とびだすぞ　路地から子供が　自転車が（一九七九年運転者向け佳作）」も入選している。いずれにしても全体を通覧すると、日本の交通安全対策は「歩行者（子ども）・自転車のほうが気をつけろ」という姿勢が強い。「たしかめて　またたしかめて　ハイ横断」（一九七三年歩行者向け内閣総理大臣賞）や「甘えてならない　歩行者優先」（同年歩行者向け佳作）」などにそれが露呈している。

二〇一九年四月一二日に、交通安全教室のイベントを請け負う企業が、大型トラックの左折巻き込み事故を再現する実演[注26]を行っていたところ、被害者役のスタントパーソンが実際に轢かれて死亡する事故が発生した。同企業の解説によるとスケアードストレートという教育方法であり「恐怖を実感することでそれにつながる危険行為を未然に防ぎ、交通ルールを遵守することの大切さを体感させる趣旨」であるという。

筆者が小学生当時の「第一次交通戦争」の頃に、校庭で人形にタクシーを衝突させる安全教室を見た記憶があるが、それから六〇年以上経過しても何の進歩もない。バイロン・キッドはスケアードストレートには効果がない、もしくは逆効果である経緯を示し「洗脳」と批判している。[注27]キッドは自分自身が子供のころ交通事故再現イベントを見た後、公園で友達と自転車で同じ真似ごとをして遊んだ記憶を紹介しているが、筆者もまた同じ経験がある。

ドライバーからは「自分たちこそ被害者（対人事故では車側が一方的に責任を追及される）」という言説がしばしば提起されるが、人間と車の桁ちがいのエネルギー差を考えれば車と歩行者の責任は同等という前提がそもそも妥当ではない。ただし一面ではドライバーの被害意識も理解できる。交通事故の防止は、車・ドライバー・道路・交通規則などの総合システムとして考えるべきなのに、それぞれがいわゆる「お役所仕事」の縦割り的で、人を陥れようとしているのではないかと思うほど不統一である。一本の支柱に数枚の標識が取り付けられ「〇〇禁止、ただし△△を除く」など走行中にはとうてい読み取れるはずのないクイズのような表示も少なくない。

歩道と車道の区別のない道路では、電柱は一見すると車にも歩行者・自転車にも邪魔である。防災の観点でも無電柱化を進めるべきであろう。しかしベテランのバス運転士の話を聞いたことがあるが、電柱はガードレールの機能を果たしているという。もし電柱がなかったら車は道路幅員をすべて占有して走行し、歩行者（自転車）が通行する余地は失われる。電柱があるたびにハンドルを操作するのは面倒だから、すれ違いなどの都合がないかぎり車は電柱のある分だけ中央に寄って走る。このため電柱と電柱を結んだ仮想線の内側が、かろうじて歩行者（自転車）の空間として利用できるのだという。このような交通環境に自動運転を持ち込んだときの混乱は想像に難くない。現実には、ドライバーが関与しない自動運転は無理ではないだろうか。

事故はスピードの問題

自動車の走行速度の抑制が交通事故の被害低減に有効であることは疑いがないが、[注28]「速度を落とせば安全とは言えない」と主張する珍説もある。ある自動車関係者は「安全は、哲学である。それは学問的理論だけでつくられるものではなく、人間の英知と思想で究められ、その結果、手に入れられるものである。ここを間違えると、とんでもない安全対策が飛び出してしまう。例えば『低速走行なら安全だ』という考え方である。ここには英知もなければ、走ることの哲学もない[注29]」と述べている。しかしこのような見解こそ英知と哲学の欠如を示している。

図3―4は車の最高速度と事故率の関係である。[注30]やや古いドイツのデータであるが、図にみられるように最高速度と事故率には直線関係がある。ドイツのデータを引用せざるをえないのは日本では現在でも具体的な車名別事故データが公開されていないためであるが、これだけ明確に、物理的ともいえる相関がみられるとすれば日本でも同様のはずである。一九七〇年台までの国産車（国内で販売される車）のカタログには、高速道路での法定速度をはるかに超える最高速度性能が記載されていた。しかし無謀な運転を誘発するとの批判があり、自動車メーカーの自主規制としてスピードリミッター（設定速度に達した場合にエンジン出力を抑える）が装着されるとともに記載されなくなった。ただし現在でも輸出車には最高速度性能の記載がある。

日本の車名別事故データ公開を求めた公開質問に対して、当時の自民党は「慎重な対応が必要」、

図３—４　最高速度性能と事故率の関係

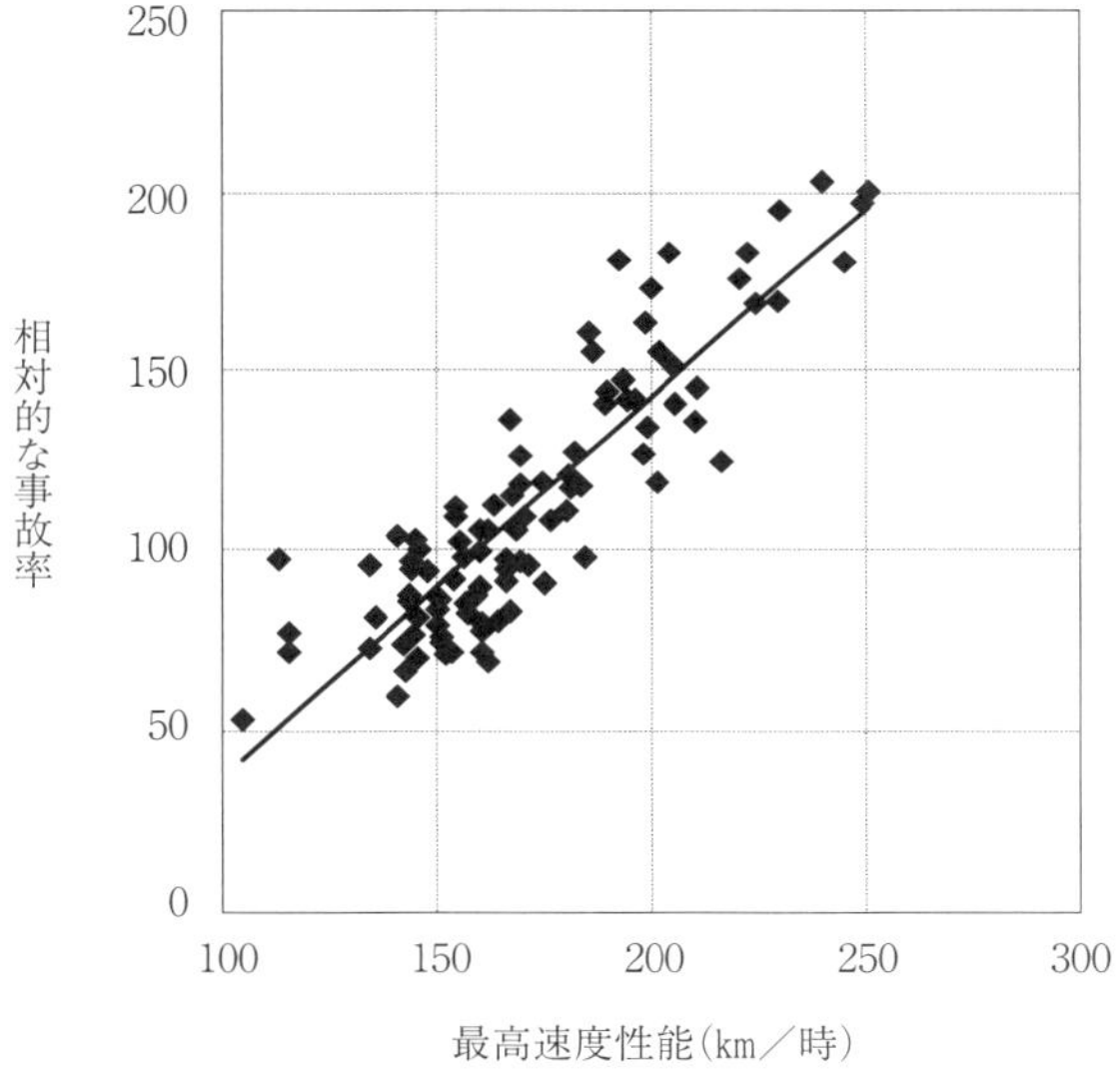

野党は「賛成」と回答している。メーカーは公開しない理由を「誤解を生みやすく、混乱を招く」「プライバシーを侵害する」と説明している。

しかし米国ではデータを公開しているのに日本では公開しなかった。損害保険会社はこの種のデータを把握していると思われるが、これも公開されていない。かろうじて一三種類のグループ別（セダン、スポーツ、SUV等）に集計した報告書がある。[注31]個別の車名（通称名）がいずれのグループに属するかの一覧表があるものの、車名ごとのデータは公開されていない。ただし対歩行者死亡事故におけるドライバーの飲酒率については「ミニバンＡ」に分類される車種で特に高いなど、交通事故対策上で注目すべき結果がいくつかみられる。

歩行者の観点ではさらに重要な関係が指

図3—5　衝突時の速度と致死率の関係

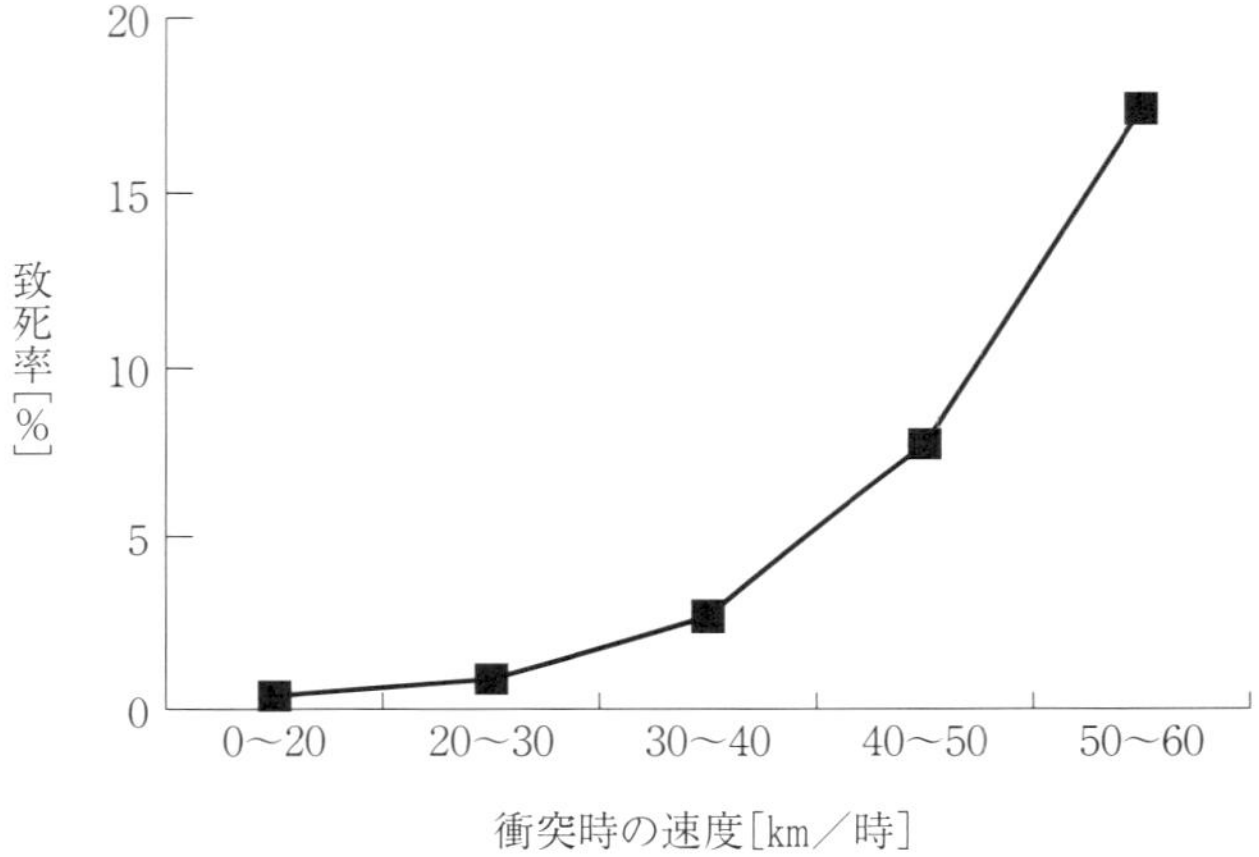

摘される。図3—5は二〇〇五年から二〇〇九年中に幅員五・五m未満の道路で発生した人対車両の事故について、速度に対して致死率（死傷者数のうちの死者数の割合）を示したものである。[注32] 図に示すように車と歩行者の衝突時の速度が時速三〇kmを超えると歩行者致死率が急激に高まる。この関係は欧州では数十年前から指摘されており、一九七〇年代から「交通静穏化（トラフィック・カーミング）」の考え方が取り入れられ、一九八〇年代から「ゾーン30（マイル系単位の国ではゾーン20等）」すなわち、都市の一定区域で面的に車の走行速度を規制する施策が各国で実施されてきた。

一方で日本でも「生活道路」と呼ばれる道路での規制が試みられてきた。「生活道路」とは警察庁の定義では「主として地域住民の日常生活に利用される道路で、自動車の通行よりも歩行者・自転車の安全確保が優先されるべき道路」としている。[注33] 生活道路における交通規制に関しては、小学校の校区ごとの

「スクールゾーン（一九七二年）」、住宅地域や商店街の「生活ゾーン（一九七四年）」、高齢者の通行が多い一定の範囲とされる「シルバーゾーン（一九八七年）」、「コミュニティゾーン（一九九四年）」などが設けられてきた。ただし規制は道路単位であり規制内容は地域の実態に応じて個別に決められてきた。

これに対して面的規制として、欧州から遅れること三〇年で「ゾーン30」の整備が二〇一一年九月から開始された。「ゾーン30」が設けられた経緯は、「ゾーン30」の開始前年までの一〇年間で、おおむね「幹線道路」にあたる車道幅員五・五m以上の道路での交通事故件数が二九・二％減少したのに対し、「生活道路」にあたる同五・五m未満の道路では八・〇％の減少にとどまっていた。すなわち各種の生活道路において事故対策が行われてきたものの効果が十分でないことが指摘されたためである。

池袋暴走事故（二〇一九年四月一九日）を契機に改めて高齢ドライバーの運転制限の議論が注目されている。加害者は、段差等での歩行に危険を感じるため都心での会合でも車を利用していたと述べている。[注34]いわば車というよりも「電動車いす」の延長として使われていた。街路や公共交通でのバリアフリー対策が未だ不十分なために車の利用が誘発されている背景もある。電動車いすなら時速一〇〇㎞で走る必要はない。どんなにアクセルを踏んでも時速三〇㎞程度に制限する方策が講じられていれば、かりに歩行者・自転車に衝突しても致命傷には至らなかったであろう。一方で車がなければ就労も日常生活もできない地域であれば、あらゆる不適格ドライバー（高齢による機能低下、アルコール依存、粗暴運転など）による運転を防止することは難しい。前述のように万一歩行者（自転車）に衝突しても速度が低ければ致命的にはならない。一般道で物理的に車の走行速度を低く抑えるていどの技術的な対策ならば、自動運転よりもはるかに容易に実現できるはずである。

歩行者も自転車も通行していない高速道路で全体が順調に流れているような条件では、速度が高くてもリスクは大きくないが、問題は一般道路である。前述のように日本の運転マナーは悪く、歩行者（自転車）と混在する生活道路にも「抜け道」走行の車が侵入し、時速五〇kmあるいはそれ以上の速度で走行する実態がみられる。生活道路は歴史的にも車の走行を想定していない環境である。生活道路にかぎらないが、交通事故の大半はその場の状況に合わない過剰な速度で走行することが背景にある。

自動運転が実現すれば、状況を自動的に認識してスピードを制御すればよいと考えるかもしれない。しかしそれでも速度をできるだけ落とさなければ効果はない。自動車教習所でも教わるとおり、車が急ブレーキをかけて停止するまでの距離は「空走距離」と「制動距離」の合計である。速度と停止距離の関係を図３─６に示す。ドライバーが危険を認知してからブレーキがかかるまでの距離が空走距離であり、ブレーキが効き始めてから停止するまでが制動距離である。

空走距離は個人差があるが平均で〇・七五秒とされ、時速一〇〇kmの時は二〇mも進んでしまう。またドライバーの疲労や注意散漫などにより大きく伸びる。空走距離は運転補助システムあるいは自動運転により短縮が可能であり、また個人差も避けることができる。しかしその次の制動距離は物理法則の問題であって、センサーやデータ処理がいかに高度化しても車両自体が持つ慣性力を変えることはできず、確実に制御できる速度には限度がある。

工場内の資材搬送用の無人台車や、倉庫で荷役をする無人フォークリフトは以前から普及しているが、人間と混在する場合の速度は徒歩よりやや遅い二〜三km／時ていどである。これは車両の走行性

図3—6　自動車の停止距離

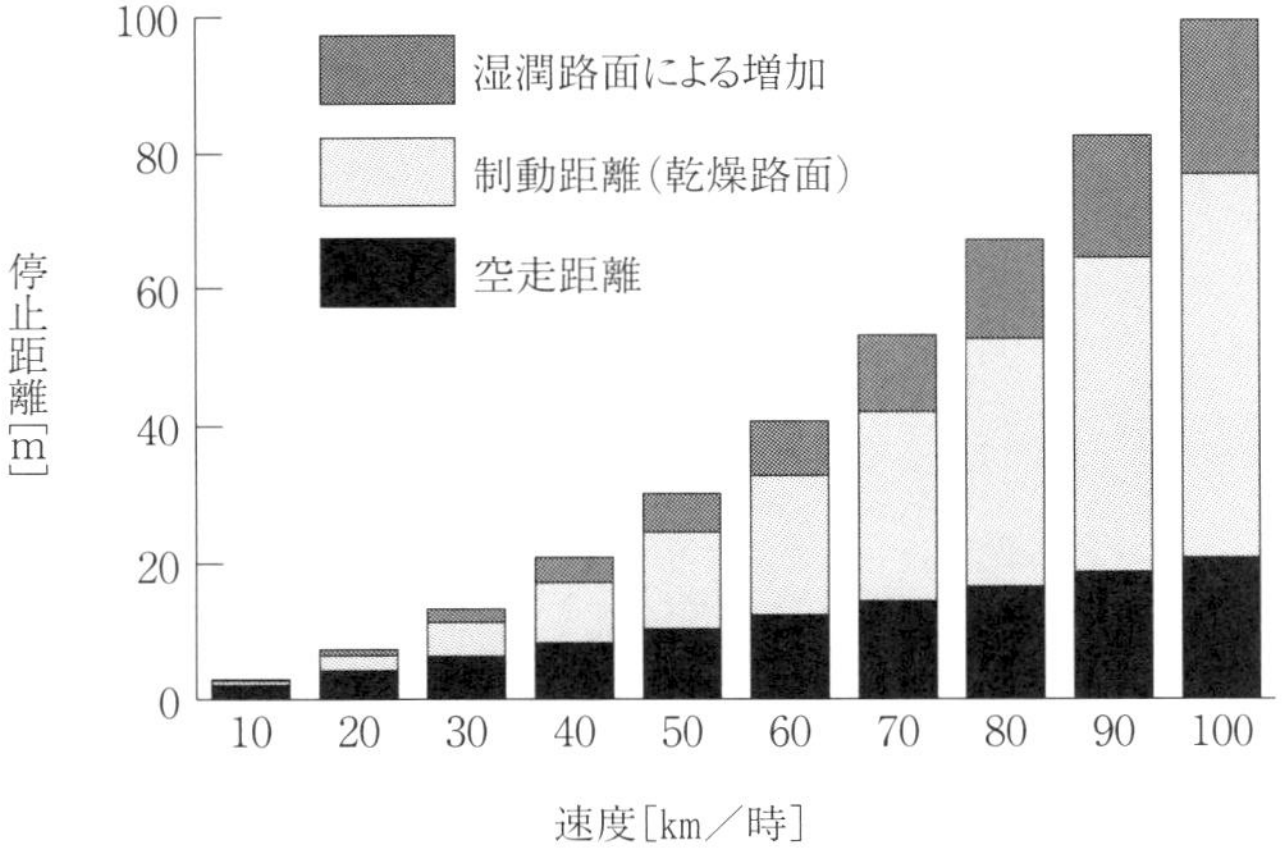

能が低いからではなく、車両自体の持つ質量や慣性から、その速度を越えると物理的な修正動作（ステアリングやブレーキ）が追いつかないためである。またこの速度なら、万一異常動作しても人間が容易に逃げられる、衝突しても被害が少ないという観点もある。これらの車両が使用されるのはほとんど建物の中であり、雨や雪も降らず、歩行者といっても業務上の関係者のみである。自動運転よりはるかに単純な環境でもここまで配慮が必要なのである。

時速二～三kmでは車として実用的ではないと考えるかもしれないが、ＡＩの進歩など複合的な対策を講じても、「生活道路」あるいはそれに準じた環境では時速一〇km前後の範囲であろう。いまバスや配送車で行われている無人走行実験でも、速度は最大で時速二〇kmていどに抑えられている。後述するがヤマト運輸（株）による無人搬送システム「ロボネコヤマト」の実験[注35]では、自動（無人）走行の場合には速度を時速五～一〇kmに制限している。

これは実験だから特に慎重にしているというよりも、生活道路では実用段階でもこの速度が限度であろう。人が運転していても平均すればこの程度の速度しか出していないはずである。すなわちこの速度では、自動運転は配送等の用途には適しているが人の移動に使用するのは現実的でない。乗用車でもレンタカーの無人配車等には例外的に利用できるとしても、一般道では自動運転が適用できる範囲はあまりないと考えられる。

同じ速度であっても、車が静止物に直撃する場合と、他の車に混じって整然と流れている場合とではリスクが全く異なる。高速（自動車専用）道路では、先行車が突然横転する等の事態は皆無とはいえないものの一般には自動運転になじみやすい。しかし一般道では簡単ではない。むしろ自動化レベルが上がるほど搭乗者が予期しない状態での急停止が起こりうる。シートベルトを装着していても三〇km／時を超える速度からの急停止は身体的・心理的ショックが大きく、ことに子ども・妊婦・高齢者では軽視できない。歩行者・自転車に対してだけでなく搭乗者の安全面からみても、実用上の速度は一〇～二〇km／時にとどめざるをえないのではないか。

自動運転と直接の関係はないが、車を開発する際の衝突実験に関して、ダミー人形だけでは十分に現象を再現できないため、本物の人体（遺体）を用いた衝突実験が行われてきたことが資料に記述されている。[注36] ドイツでは二〇〇体以上（うち八体は子ども）を実験に供し、米国でも行われていたことが公表されている。[注37] いずれも合法的な手続きを経て認められており、ダミー人形の特性を現実の人体に近づけることにより車の衝突安全性の正確なデータを得て結果的に多くの人命を救うという説明はなされている。しかし各国でも抵抗なく受け入れられたわけではなく抗議も起きている。最近の資料ではその記述がないが、ダミー人形の機能が向上して代替できるようになったのか、まだ行われているのかは不明である。日本で実施された事例はないと思われるが、外国の実験結果を参照するにしても人体の損壊実験を必要とする工業技術が他にあるだろうか。あるとすれば軍事技術に限られるであろう。ウーバーやテスラの事故もこれと同じ位置づけなのだろうか。もっとも、どんな素人でもアクセルを踏めば時速二〇〇km以上も出てしまう車を製造・販売していれば常に生体実験をしているようなものだが。

自動運転の社会的受容

しばしば「航空機・鉄道・バス（公共交通）の事故やトラブルは、さしたる実害がなくてもニュースになるのに、総数としてははるかに多い交通事故（道路上での自動車の事故）は、飲酒やひき逃げなど特に悪質性のあるケースでもないかぎりニュースにならないのはなぜか」という疑問が示される。[注38] さらに同じ道路上での自動車の事故であっても、個人の車の事故よりバスの事故のほうがニュースに取り上げられる機会が多い。単に「年間の被害者数」といった指標だけで評価されているのではないと思われる。これが自動運転になった場合はどのように変化するであろうか。兒山真也は自動運転の導入について次のように指摘している。[注39]

事故による死傷者が全体では減少するとしても、第一当事者［注・ドライバーの意味］の損害が大きく減る半面、歩行者など弱者の損害はさほど減らないかもしれない。また自動運転により回避できる事故がある反面、自動運転であるが故に生じる事故もあるかもしれない。しかし歩行者など被害者の心情としては、直接的原因が人ではなく機械やシステムにあることはより受け容れ難い可能性がある。運転者の立場では，自発的リスクが非自発的リスクに置き換えられる現象が生じるとも考えられる。人々がマイカーより公共交通機関に対しより高度な安全性を求める傾向があるのと同様、自動運転車に対する要求水準も高い可能性があり、政策の選択や経済評価の上でも注意を要する。

兒山が指摘するように自動運転車が備えるべき安全レベルをどこに設定すべきかの議論はまだ未成熟である。日本国内の交通事故では一九四五年以降これまで累積で六四万人の死者と四四〇〇万人の負傷者が発生している。「交通戦争」と呼ばれた時期（第一次は一九五五～六〇年代、第二次は一九七〇年代以降）に比較すれば年間の死傷者数は減少しているとはいえ、なお交通事故は後を絶たない。事故のリスクの比べ方にはいろいろな尺度があり、また国によって交通状況が大きく異なるが、たとえば一九五七年以降の日本国内での「人間の移動距離あたり」でみると、鉄道は一億㎞の移動あたりの死者（踏切事故や意図的な接触を除く）は〇・〇〇二人、航空機は同じく〇・〇三七人に対して、自動車は二・五〇〇人という桁ちがいの差がある。

「在来車のドライバー部分をＡＩに置き換える」という発想だけでは自動運転車は社会的に認知・受容されず、別の考え方が必要となる。かりに「レベル５」が達成されて乗員の操作が全く関与しない移動手段となると、それは乗員にとっては公共交通と同じであるから公共交通と同等のリスクレベルを要求されるはずである。さらに車外の第三者への加害可能性が加わるとさらに厳しく評価されるだろう。かりに法的責任を免れるとしても自分の車が人を轢いてしまった場合に倫理的な問題はどうなるのか、どれだけの安全性（確実性）が、逆にいえばリスクがどれだけ小さくなれば自動運転車が社会的に受容されるだろうか。

　かりに自動運転車による死亡リスクが鉄道なみを求められるとすると、在来の車に比べてリスクを約一〇〇〇分の一に低下させなければならない。それは極端としても少なくとも現在の自動車のリスクのレベルでは社会的に容認されず、桁ちがいの安全性が求められることになる。

　ただし自動運転車のリスク認知には、当事者の立場による相違を考慮する必要がある。たとえば車内の人間であってもドライバーと同乗者では立場がかなり異なる。ただし現在の車でもそれは同じであり、同乗者は無資格・飲酒・睡眠の責任を問われない（飲酒運転幇《ほう》助などは別として）一方で、予期しない急ブレーキ・急ハンドルなどによる同乗者としてのリスクもある。自動運転車の事故では、車内に対してはドライバーと同乗者、車外に対しては他車のドライバーと同乗者、および対歩行者・対自転車・対二輪車など複雑な関係がある。またそれは自動運転レベルによっても責任範囲が変わってくるためきわめて難しい問題である。

　人々は必ずしも論理的な判断に従って日常の行動を決めるわけではなく、むしろ経験的・直観的な基準による行動が大部分であろう。たとえば航空機の事故を研究している専門家は、どのような航空機でもゼロではない一定の確率で墜落など破壊的事故の可能性があることを知っているが、自分自身

表3―3　危険の認知と受容にかかわる主要な因子

影響因子	因子の内容
①随意性／不随意性	個人が選択可能、個人の自発的意志に基づくか、あるいは社会によって強要されて受けるリスクか
②影響の集中度	一回あたりの被害の大きさ
③制御可能／制御不可能	個人の責任において回避可能か、そうでないか
④人為性	自然に存在するリスクは天災のみ。事故・中毒・火災は人為性である。ただし海や河川での落水事故などはその中間
⑤便益性	リスクを伴った行為に対して得られる便益。ただし具体的な便益との比較でなく日常生活に伴うリスクもある。

が飛行機を利用する時は「自分の乗った飛行機は墜落しない」と想定して利用している。これには何の論理的根拠もないが、人間は必ずしも合理的な基準によって日常生活を営んでいるわけではない。

このように日常生活で遭遇しうる各種のリスクに関する認識は、フィーリングに頼らざるをえない要素があり数値化しにくい、評価項目と基準が多岐にわたり共通の尺度がないなど評価が難しい。この問題について手がかりを与える研究もある。数値化しにくい社会的現象を定量化する方法の一つにＡＨＰ法（階層的意思決定法）[注40]がある。これは「等比的な刺激を等差的に認識する（たとえば電球の物理的な明るさを二、四、八倍と等比的に変えてゆくと、人間はこれを二、三、四倍と等差的に認識）」人間の感覚にもとづいて、数値化しにくい社会的現象を定量化する方法である。リスクを階層的に評価要素に分解して、数学的な処理に従って主観的かつ感覚的な評価を数字に置き換える。

高橋英明の報告[注41]による検討を紹介する。もとよりこうしたリスク評価の手法は一例であり、分析の

図3―7　影響因子と評価対象の階層構造

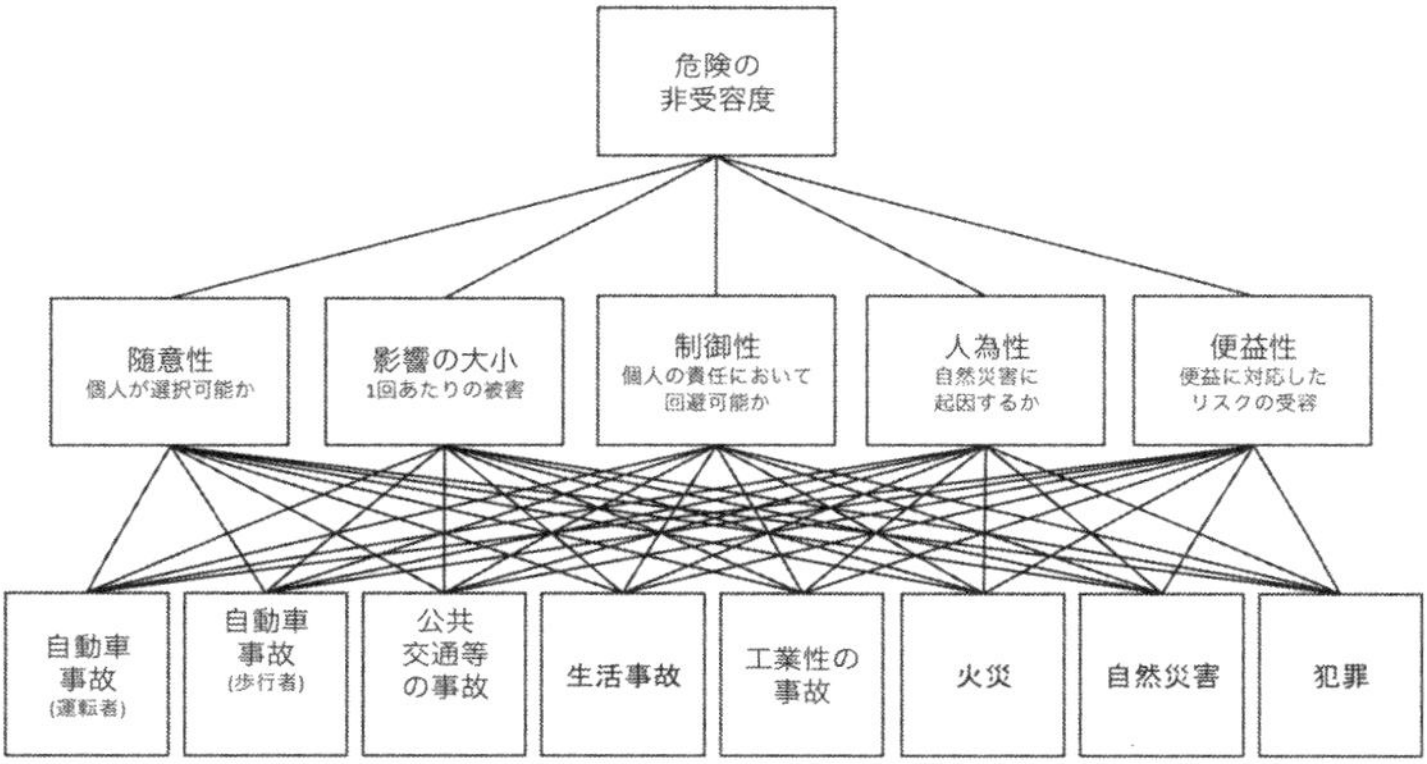

手法が異なれば別の結果が導かれる可能性があることは当然であるが、自動運転を考える際の参考として紹介したい。なお報告ではリスクは死亡のみを対象としており、負傷や後遺障害は比較は検討の対象としていない。

報告では、自動車事故（運転者として）・自動車事故（歩行者として）・自動車事故以外の交通事故（公共交通）・生活事故（中毒、打撲など）・工業性の事故・火災・自然災害・犯罪について比較している。評価要素として表3―3のように随意性・影響の集中度・制御性・人為性・便益性が挙げられる。それぞれを一定の基準で数値化して、人々の判断に際して、何がどれくらいの重みを持っているかを分析する。不特定多数の人に対するアンケート調査から整理すると、それぞれの事故・災害の「非受容度」すなわち社会的にどのくらい深刻に評価されているかという指標が得られる。リスクを階層的に評価要素に分解した状態を図3―7に示す。

図3―7は影響因子と評価対象（リスクの種類）の階層構造を示す。これより求めた非受容度係数（定量化し

図３―８　災害の種類による非受容度と被害規模

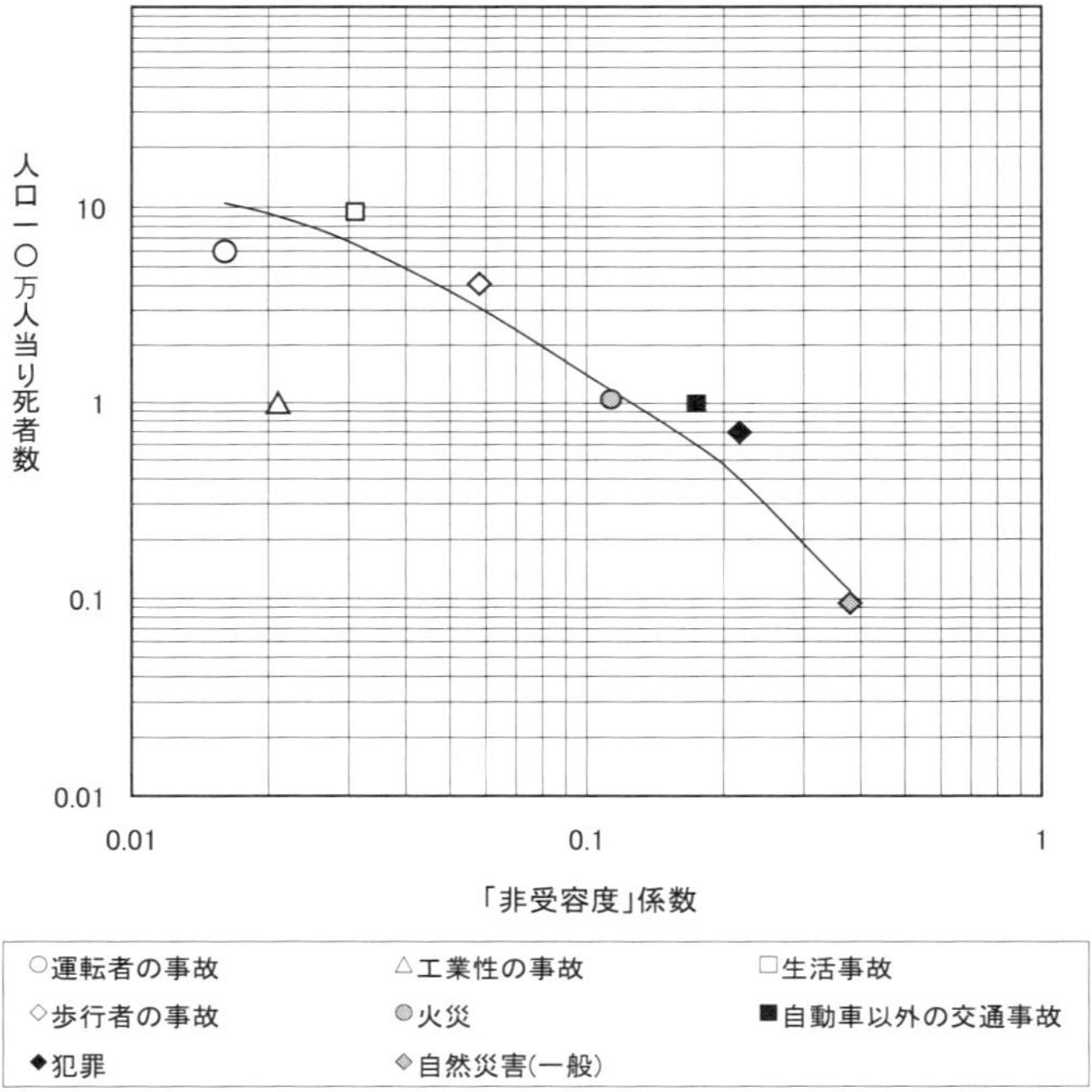

た「怖さ」）の数値を横軸に、人口一〇万人あたりの死者数を縦軸にして図に表わすと、図３―８のように一定の相関関係がみられる。たとえば同じ交通事故でも運転者としての被害より歩行者としての被害の非受容度係数が大きく、また自動車事故よりもその他（公共交通など）の事故のほうが非受容度係数が大きい。この報告の時点では自動運転は検討の対象となっていないが、公共交通の事故と個人の車の事故のいずれが「容認できない」と認識されているのかは、被害者数の大小だけが要因ではないことが示唆されている。

　このほか自動運転車のリスク

認知に関しては（その普及を前提に）すでにいくつかの議論があり、谷口綾子は一連の議論を要約している。[注42]

悪質運転は防げるか

危険運転致死傷罪の新設による厳罰化の後にもかかわらず二〇〇六年八月には、福岡市で飲酒運転による三児死亡事故が発生した。この事故では飲酒（泥酔状態）・速度超過・被害者を放置して逃走・知人に代理出頭を依頼するなど悪質行為の重複がみられた。その後、飲酒運転による死亡事故は減少傾向にあるものの依然として根絶には至っていない。飲酒運転撲滅に力を入れているうちに、新たに「あおり運転」など別の悪質行為が登場したとの指摘もある。[注43]こうした悪質な運転は自動運転で防げるだろうか。おそらくその可能性はない。前述のように、安全意識が乏しいドライバーが、周囲の歩行者を検知するとブレーキをかける模範運転をする自動運転車を追加費用を払って買うはずがないからである。法律で自動運転車以外の走行を禁止することは近い将来には考えにくく、車の選択は依然としてユーザーに任されるであろう。

飲酒運転（道路交通法第六五条に規定する酒気帯び運転、および同第一一七条に規定する酒酔い運転）に関する罰則は以前から漸次強化されてきたが、依然として飲酒運転およびそれに起因する事故は後を絶たない。警察官による飲酒運転も年中行事のように報じられる。「飲酒運転根絶」など勇ましいポスターも見かけるが実効性は疑問である。地方都市では国道やバイパス沿いに居酒屋が並んでいるが、そこの客は徒歩や公共交通で訪れるのだろうか。

二〇一四年七月に北海道小樽市の海水浴場「おたるドリームビーチ」で、泥酔状態で運転の上にひき逃げで女性四人を死傷させた事件は、特に悪質性が高いことから全国的にも注目を集めた。これに類した悪質な運転による事故は他にも全国で後を絶たない。自動運転が普及しても悪質な運転に起因する事故は防止できないであろう。小樽の事件の加害者は外国製ＳＵＶ車に乗っていたが、車の選択がドライバーの選択に任されている限りは、飲酒・無謀運転を自制できないような性格のドライバーが自動運転車を購入するはずがない。かりにしたとしても高速道路でのクルージングに使うだけで、一般道で自動運転機能を使用することは期待できない。

同事件では、加害者が事故前の一二時間にわたり断続的に飲み続けて泥酔状態であったという。「おたるドリームビーチ（事故翌年から、監視員配置なしを理由として閉鎖）」は最寄り駅のＪＲ北海道函館本線・ほしみ駅から徒歩一時間近くかかりバス路線もないため海水浴客の多くは車で訪れていた。加害者に最大の責任があるにしても、車でしか行けない場所での飲酒が放任されている環境を問題視する意見もある。[注44] 加害者は「事故さえ起こさなければいいと思った」と供述しているが、同ビーチの環境で加害者以外には誰も飲酒運転をしていなかったのだろうか。

飲酒事故が非難され、自治体や企業でも飲酒運転に対する処分を厳しくしているわりには、自治体が関与する観光ワイナリー施設と併設ビアガーデンが車でしか行けない郊外に立地している事例（広島市三次市）がある。バス路線もあるが二〜三時間に一本しかない。筆者はこの路線を利用してみたが乗客は筆者一名であった。ドライバーの試飲自粛を呼びかける小さなカードが立っていたが形式的な責任回避と言わざるをえない。一台に複数の人数で来場していれば運転担当者が試飲を控える建前にはなるであろうが順守されているかどうかは疑わしい。飲酒運転を誘発する環境を議論しなければ「飲酒運転根絶」は不可能であろう。

「飲酒に関する連絡協議会」では「酒類の広告・宣伝及び酒類容器の表示に関する自主基準」を制定している。注45 それによると飲酒運転に関する注意表示の文言について「飲酒運転は法律で禁止されています」との例文が示されているがきわめて不自然な印象を受ける。法律に何が書いてあろうと、飲酒運転がいけない本質的な理由は他者に危害を及ぼすおそれがあるからではないのか。自主的なモラルではなく「お上」が設定した範囲に入っていればいいという発想が露呈している。

法的には道路交通法第六五条に「酒気帯び運転の禁止」があり、その条件下で同第一一七条で「酒に酔つた状態（アルコールの影響により正常な運転ができないおそれがある状態）」を定義している。実際に人間の注意力や運動機能に作用するのは血液中のアルコールであるが、路上の取り締まり等において血液中のアルコール濃度を直接測定するのは実務的に難しいため、血液中アルコール濃度と呼気中アルコール濃度がおおむね比例する関係（血液中濃度の一ミリリットルあたり一mgが呼気中濃度の一リットルあたり〇・五mgに相当）から、呼気中濃度を以て「酒気帯び」の数値基準が定められている。

いわゆる「風船」と検知管を使った検査で呼気中のアルコール濃度が一リットルあたり〇・一五ミリグラム（mg／ℓ）以上が「酒気帯び」にあたる。また〇・二五mg／ℓ以上では違反点数が加算される。一方で「酒酔い」には数値の基準がなく、「正常な運転ができない」とは、被疑者との質疑応答の状態や運動能力（一〇秒間直立、一〇m程度の直線歩行等）、その他外見的な状態により判定する。これは警察官の主観に依存するため必ずしも精度は期待できない。

研究によれば血中アルコール濃度にして〇・一ミリグラム（mg／mℓ）でも影響が出現し、同〇・一〜〇・五（mg／mℓ）で注意力散漫や筋電図変化がみられるとされている。[注46] 法的に酒気帯びの境界となる呼気中濃度の〇・一五（mg／ℓ）は、血液中濃度では〇・三（mg／mℓ）に相当するから、すでに注意力や運動機能への影響が生じる範囲であり、かつ個人差も考慮すればすでに「正常な運転ができない」範囲である。実務上の便宜のために設定した数値をクリアしていれば飲酒運転には該当しないという発想では、これからも飲酒運転による事故を防ぐことはできないだろう。

職業ドライバーの飲酒検査に関しては時折り不正行為の事例もあるが、件数として圧倒的に多いのは個人ドライバーによる飲酒運転である。呼気中アルコール濃度を検知してエンジンの始動ができないインタロック機能を設置することにより飲酒運転を防止しようとする提案がある。しかしこれは「飲酒運転許容装置」になる危険性がある。どのような時にドライバーがそれを使用するのかを考えれば明らかに矛盾がある。

第一に、もともと飲酒していないドライバーであれば検知器に息を吹き込む意味がない。第二に、自分で飲酒したと自覚しているのであれば、量の多少にかかわらず運転してはいけないはずである。それにもかかわらず検知器を使用するのは運転しようとしているからであり、かりに呼気中アルコール濃度が一定基準以下でロックが解除されたとすれば「飲酒運転許容装置」になってしまう。より実態に即していえば「検問で酒気帯びに該当しない、あるいは反証できる」という目的での使用と考えざるをえない。

個人向けのの携帯式アルコールチェッカーが市販されているが、精度に疑問があるとの指摘が国民生活センターに寄せられた。実験の結果、息の吹き込み方やメンテナンスの状況により結果が大きくばらつき、飲酒していてもゼロを示すなどの例もみられた。このため同センターでは運転の可否に使用しないように呼びかけている。[注47]

酒類の成分であるエチルアルコールそのものを識別するセンサーは原理的には存在しない。センサーとエチルアルコールの相互作用による電気抵抗の変化などを測定してアルコール濃度に置き換えている。センサー部分には、半導体式・接触燃焼式・燃料電池式・赤外線吸収式・化学式などがある。[注48]国内で携帯型としては現在は半導体式が普及しているようであるが、アルコール以外の物質にも反応することや、センサー部分が時間と共に劣化するので定期的なメンテナンスや交換が必要とされる。こうした理由から検出には一定の誤差が避けられない。測定原理の面からみてもアルコールチェッカーは「ここまでは飲んでも大丈夫」の許容装置にならざるをえない。

さらに近年は飲酒運転だけでなく薬物による危険運転も注目されている。薬物といっても合法的な市販薬と処方薬の区別があり、さらに違法薬物もある。二〇一四年の「自動車の運転により人を死傷させる行為等の処罰に関する法律」で薬物使用による危険運転行為も処罰対象となった。しかしアルコールと異なり薬物は日々新しい物質が開発・提供され、アルコールのように「血中濃度がいくつ以上であれば違法」という関連づけも明確でない。その原因が多様であることから明確な未然防止対策が立案しにくい。さらに合法薬物でも車の運転を禁止される場合があるが、地域によっては医療機関が車でしか行けない場所に立地していることも珍しくない。

注

注1　日本自動車工業会「車と世界」http://www.jama.or.jp/world/world/world_2t1.html
注2　大橋伸夫「反自動車革命の火種」『中央公論』一九七四年一〇月、一三〇頁
注3　ＳＵＶの公式な定義はないが、山道や悪路でのスポーツ的走行に適した形状の車、あるいは実際にその機能がなくてもそれをイメージとした車。多くは四輪駆動機能がある。最近ではハイブリッド車種も提供されている。
注4　津川定之・前出、八八頁
注5　首相官邸ウェブサイト「日本初の一般公道における本格的自動走行の実証実験」二〇一三年一一月九日 https://www.kantei.go.jp/jp/96_abe/actions/201311/09car.html
注6　『日経』二〇一九年三月八日「自動運転走行実績、グーグル系が圧倒　アップルも三位」
注7　「グラフでわかる『アメリカの銃問題』について知っておくべき一七のこと」ウェブサイト。https://www.madameriri.com/2016/06/16/17-facts-gun-violence-in-the-us/
注8　交通事故総合分析センター『交通統計』各年版より
注9　国土交通省「平成二七年度全国道路・街路交通情勢調査」http://www.mlit.go.jp/road/census/h27/
注10　公益財団法人交通事故総合分析センター『交通統計』各年版より
注11　（一社）日本自動車連盟「交通マナーに関するアンケート調査（二〇一六年六月）」http://www.jaf.or.jp/eco-safety/safety/environment/enq/2016_06.htm
注12　『朝日新聞』「八三歳ゴールド免許、二人の命奪う」二〇一八年八月三日（裁判の傍聴記・事故は二〇一六年一一月）
注13　日本交通政策研究会「高齢者の自動車運転免許保有の価値」日交研シリーズＡ七二二、二〇一八年

注14　中川善典・重本愛美「運転免許を返納する高齢者にとっての返納の意味に関する人生史研究」『土木学会論文集』D3、七二巻四号、二〇一六年、三〇四頁

注15　総務省統計局「都道府県別人口集中地区人口、面積及び人口密度」、交通事故総合分析センター『交通統計』各年版より

注16　森本章倫・Nguyen Van Nham「集約型都市と交通事故の関連性に関する研究」『第四三回土木計画学研究発表会・講演集（CD―ROM）』二〇一一年五月。

注17　ジェラルド・J・S・ワイルド、芳賀繁訳『交通事故はなぜなくならないか　リスク行動の心理学』新曜社、二〇〇七年

注18　「飲酒運転クライシス　厳罰化のスパイラル」ウェブサイト。http://www.web-pbi.com/drunk0/index.htm

注19　法務省『犯罪白書』二〇一八年版。http://hakusyo1.moj.go.jp/jp/65/nfm/mokuji.html

注20　ｔｏｇｅｔｔｅｒウェブサイト「横断歩道を渡ろうとする女の子がいたので停車した結果」https://togetter.com/li/950874

注21　http://www.web-pbi.com/license.htm

注22　交通事故総合分析センター「海外情報・国際比較」。http://www.itarda.or.jp/materials/publications_free.php?page=31

注23　清水草一「あおり運転の被害者にも加害者にもならないために考えるべきこと」『ＳＰＡ！』二〇一八年一二月一五日号

注24　交通事故総合分析センター『交通統計』平成二八年版、二〇一七年、一八九頁

注25　毎日新聞社ウェブサイト。https://www.mainichi.co.jp/event/aw/anzen/slogan/archive.html

注26　（株）ワーサル・交通安全教室紹介動画。https://www.youtube.com/watch?v=chbRL9yG3ZA&feature=youtu.be

注27　バイロン・キッド「Tokyo By Bike」ウェブサイト「スケアード・ストレートの『教育』効果」二〇一五年五月三一日。http://www.tokyobybike.com/2015/05/blog-post.html

注28　規制速度決定の在り方に関する調査研究検討委員会「平成二〇年度規制速度決定の在り方に関する調査研究報

告書」二〇〇九年三月。https://www.npa.go.jp/koutsuu/kisei/sokudo_kisei/research/H20houkokusyo.pdf

注29　吉田信美「自動車　安全と安心」『日本経済新聞』一九九六年一〇月七日（新産業論・第八〇回）

注30　若宮紀章「第二次交通戦争と自動車の安全性向上」『環境と公害』二二巻二号、一九九二年、五五頁

注31　（公財）交通事故総合分析センター「交通事故と運転者と車両の相関についての分析結果」二〇一五年三月

注32　警察庁ウェブサイト「ゾーン30について」。https://www.npa.go.jp/bureau/traffic/seibi2/kisei/zone30/zone30.html

注33　警察庁「生活道路におけるゾーン対策推進調査研究検討委員会」報告書、二〇一一年三月。https://www.npa.go.jp/bureau/traffic/seibi2/kisei/zone30/pdf/houkokusyo.pdf

注34　「『人をいっぱい轢いちゃった』池袋暴走事故、八三歳の元通産官僚は『ものすごい先生』だった」『文春オンライン』二〇一九年四月二七日（補注・八三歳は記事の誤り、各社報道によれば八七歳）。https://bunshun.jp/articles/-/11782

注35　https://wired.jp/2018/03/05/roboneko-yamato/, https://japanese.engadget.com/2018/04/24/roboneco/#/

注36　自動車技術会編『自動車技術ハンドブック』第三分冊「試験・評価編」一九九一年、一七六頁。

注37　（社）日本技術士会編『科学技術者の倫理―その考え方と事例―』丸善、二〇〇七頁

注38　岡本浩一『リスク心理学入門―ヒューマン・エラーとリスク・イメージ―』サイエンス社、二〇〇四年。

注39　兒山真也『持続可能な交通への経済的アプローチ』日本評論社、二〇一四年、一九七頁

注40　刀根薫・真鍋竜太郎編『ＡＨＰ事例集　階層化意思決定法』日科技連出版社、一九九〇年、加藤豊『例解ＡＨＰ―基礎と応用―』ミネルヴァ書房、二〇一三年、高萩栄一郎・中島信之『Ｅｘｃｅｌで学ぶＡＨＰ入門（第二版）』オーム社、二〇一八年など

注41　高橋英明「地域の安全度の評価とリスクマネジメント」『安全工学』三四巻二号、八六頁、一九九五年

注42　谷口綾子「自動運転システムの社会的受容―賛否意識とリスク認知に着目して」日本交通政策研究会「道路上の異モード間コミュニケーションの生起と社会的受容」（日交研シリーズＡ七二七）二〇一八年、二七頁、高橋輝、鎌田忠「完全自動運転車の社会的受容性」『DENSO TECHNICAL REVIEW』二一巻、二〇一六年、二二

頁、向殿政男「安全技術の現代的課題と社会的受容性」『精密工学会誌』七五巻九号、二〇〇九年、一〇四一頁高橋智輝、佐藤徹「社会的受容性を考慮した環境影響評価指標の提案—各種発電技術への適用—」『Journal of Japan Society of Energy and Resources』三五巻二号、二〇一四年、一頁、田中豊「科学技術の社会的受容を決定する要因」『実験社会心理学研究』三五巻一号、一九九五年、一一一頁、鈴木尋善「高度自動走行システムの実現に向けての非技術的課題」『JARI Research Journal』、JRJ20160605、二〇一六年、一頁、姜娟、和田雄志「日本社会の特性及び社会的受容性の観点から見たイノベーション政策のデザイン—『自動走行システム』を事例として—」『研究・技術計画学会年次学術大会講演要旨集』三〇巻、二〇一五年、一九二頁

注43 「飲酒運転は『絶対的悪』福岡三児死亡事故」『日本経済新聞』二〇一九年四月一一日

注44 産経ニュース「飲酒一二時間、おたるドリームビーチの教訓『モラル、法制化、寛容すぎる空気』」二〇一四年七月二九日。http://www.sankei.com/affairs/news/140729/afr1407290040-n1.html

注45 http://www.rcaa.jp/standard/pdf/jishukijun.pdf

注46 西谷陽子「飲酒の人体への影響と交通事故」『国際交通安全学会誌』四〇巻一号、二〇一五年、一二九頁

注47 国民生活センターウェブサイト「過信は禁物！息を吹きかけて呼気中のアルコール濃度を調べる測定器—運転の可否の判断には使用しないで！」二〇一五年二月一九日。http://www.kokusen.go.jp/news/data/n-20150219_1.html

注48 検出原理の解説例として東海電子（株）ウェブサイト「アルコールセンシング技術」。https://www.tokai-denshi.co.jp/technology/alcohol.html

第四章　人と物の動きから考える

車《クルマ》「強制」社会

積極的な車好きは一定の割合で存在するが、現代社会はむしろ「車強制社会」と言うべきではないか。公共交通のサービスが乏しい地域では、就労の意志があっても車がないと通勤手段がないために就労できない実態すらみられる。もちろん法令で車の使用や所有が強制されているわけではないが、人なみの生活を営みたいと思う人にとって車は必要不可欠の手段となっている。それどころか社会的弱者ほど車の使用を余儀なくさせられる状況さえみられる。子供の貧困を取り上げた『下野《しもつけ》新聞』の特集には次のような記述がある。注1

親子は二〇〇五年まで、生活保護を受けながら県内の母子生活支援施設で暮らしていた。施設では入浴時間などが決められ、ルールに縛られた暮らしを強いられた。窮屈さを感じた母親の香《か》織《おり》さん＝仮名＝はその年の夏、栃木県北部のアパートに引っ越した。長男が小学四年の時だ。生活保護を受給していると、資産とみなされる自家用車を持つことができない。しかし香織さんたちが暮らす県北部は、都市部のようにはバスや電車があまりない。

香織さんは飲食店のパートで働き始めてすぐ、車のない生活に限界を感じるようになった。通勤も、三男の保育園の送迎もすべて自転車だった。どうしても車を手に入れたくなって、生活保護から抜けた。移動の自由と引き換えに、香織さんたち親子は困窮に追い込まれた。それまで受けていた生活保護費がなくなった分、月収は一〇万円ほどに減った。家賃だけで四万三千円は掛かる。年三回支給される児童扶養手当は、滞納していたさまざまな支払いに消えていった。

生活保護を受けていても、状況によっては私的な車の運転も不合理でないという裁判所の判断が示されている。[注2]これは一九九〇年代の判例であり、車の保有ではなく運転（知人の車を借りて使用していた）に対する判断であるが、二〇一〇年に日本弁護士連合会（日弁連）は生活保護世帯でも生活必需品としての車の保有を認めるべきとの意見書を厚労省に対して提出している。[注3]個人の選択よりも、どのような都市に居住しているかによって基本的な車への依存度が決まる。

地方都市では、住宅に関する支出や消費財の価格が大都市より相対的に低い一方で、車を所有せずに生活しようとすれば逆に出費を強いられる場合が少なくない。公共交通では、小児を半額としても人数分の運賃・料金を必要とするために、家族で一緒に移動するときは車よりも費用がかさむ。もし地方都市の郊外に住んで都心部まで出かける場合、地方の民鉄やバスの料金が大都市よりも割高である状況もあり、家族全体で移動するとたちまち費用が片道数千円に達し、往復では一万円札が消えてしまう。

図4―1は東京都市圏パーソントリップ調査（人がどこからどこへ、どの手段で等の大規模調査）のゾーン（市区町村を一〜数個に区切った調査エリア）別に、人口密度と自動車分担率（人の移動回数のうち、車を手段とした回数の比率）および徒歩・自転車分担率（同、徒歩・自転車を手段とした回数の比率）の関係を示したものである。[注4]範囲は一都三県で人口密度の低い地域も調査対象となっている。

車の分担率はほとんど人口密度、すなわち都市の構造にほぼ機械的ともいうべき相関関係がみられる。これは人口密度の高いエリアでは公共交通の利便性が高い等の理由から車の利用が抑えられるためと考えられる。逆に人口密度の低いエリアでは車を使わざるをえない状況も示される。

徒歩・自転車については車と逆の関係となるが、人口密度の高いエリアでも最大五〇％程度で頭打ちとなるのは、公共交通が便利ならば一定距離以上の移動には公共交通を選択するためと考えられる。別の見方をすれば、自動車が利用できる領域に対しては、くまなく自動車の利用が浸透していることを示している。

現代の生活を考えた場合、地域における「生活の質」を確保する要因はいくつか考えられるが、生活必需的な社会インフラとして代表的な最寄りの総合医療機関まで、どのくらいの割合の住民がどのくらいの距離でアクセスできるかの分布状況について、東京都と愛知県で比較した結果[注5]を図4−2に示す。第三章で示したように、愛知県は一六年連続（二〇一八年現在）で交通事故死者が日本ワーストである。同県の運転マナーが悪いとの指摘も聞かれるが、そうした差異よりも根本的な要因は、図にみられるように地域の構造が車を使わざるをえないからである。東京都では、七割以上の住民が徒歩・自転車で容易に移動一km以内の距離で最寄りの総合医療機関にアクセスできるのに対して、愛知県ではその割合が四割にとどまる。距離が延びれば何らかの交通手段が必要となる。自分自身で車が利用できず、公共交通機関がなければ誰かに乗せてもらわなければならない。モビリティの格差により生活の質が大きく左右される。

人々の生活圏（就職、進学を含む）の拡大や、核家族化の進展にともなって、私的・個別的で多様

図４—１　東京都市圏での人口密度と自動車分担率の関係

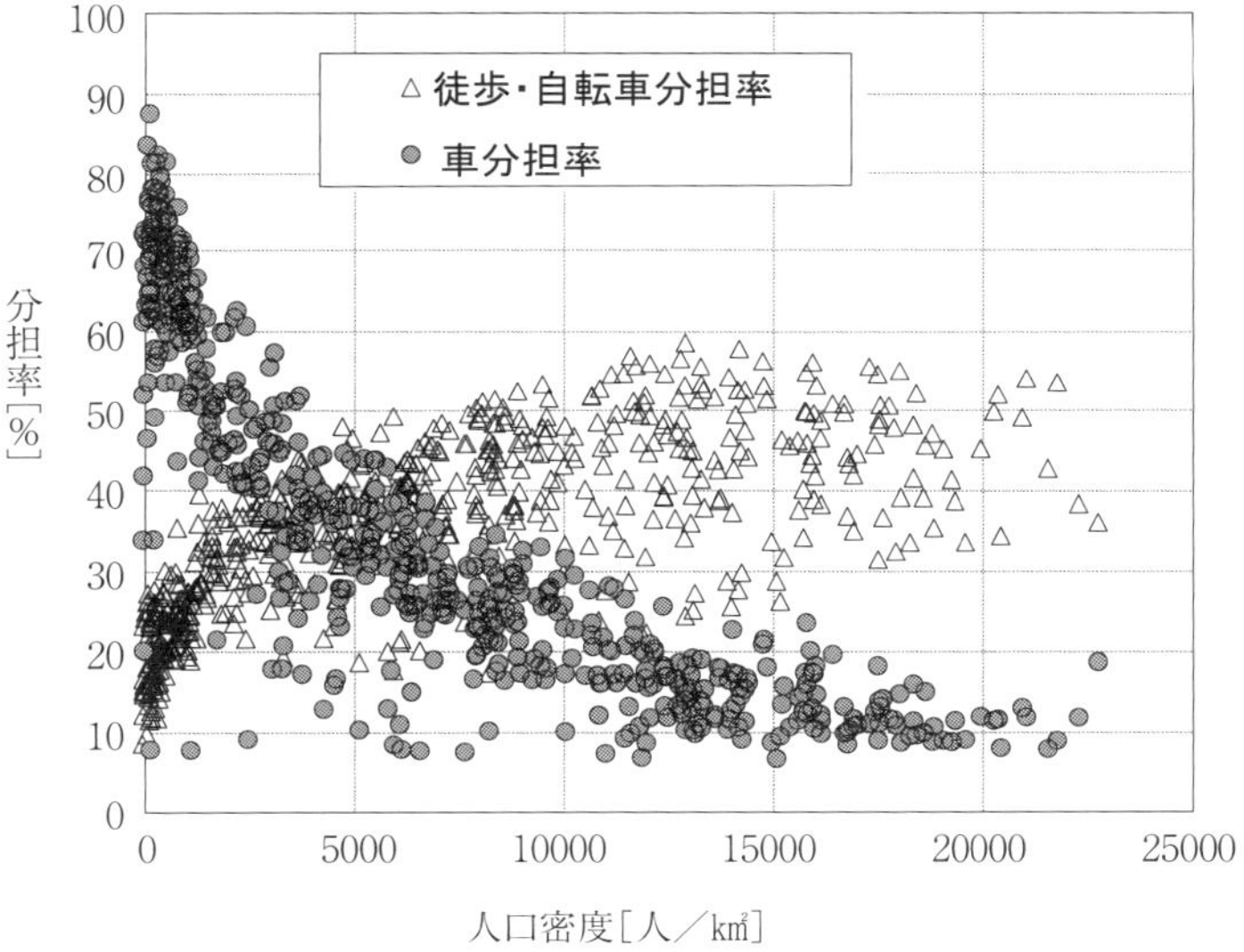

図４—２　生活インフラへの距離別人口

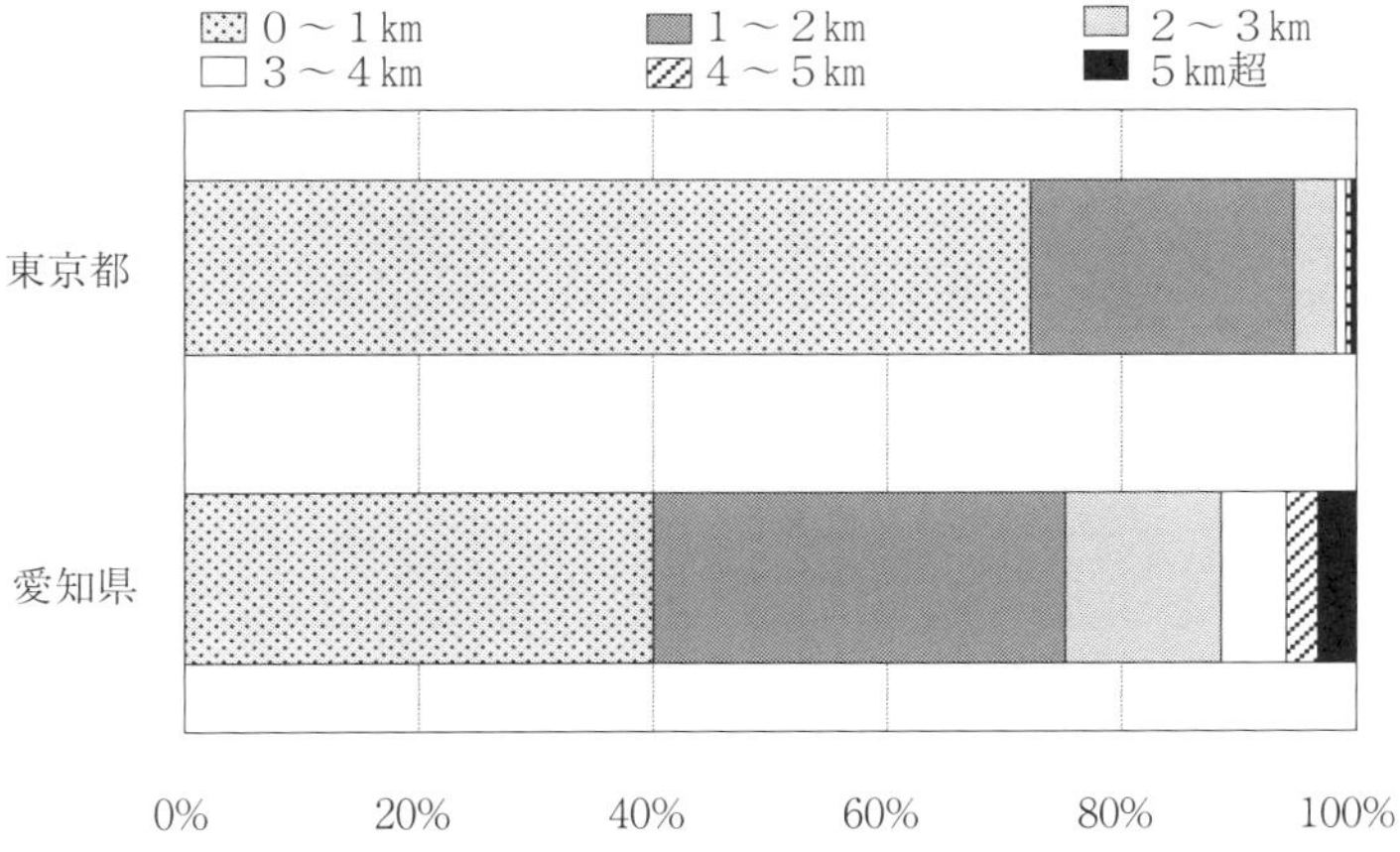

な移動のニーズが増えている。これに加えて、社会のさまざまなしくみが私的・個別的な移動のニーズを前提として創られるようになった。さらに、かつては主に鉄道の駅を中心として徒歩や自転車で日常の用が足りる生活圏で完結していた日常の暮らしが郊外へスプロール化し、車が必需品となった。車の普及は、一見すると人々の移動が多様になったように見えながら現実には車以外の移動手段が選べない、選択の余地が限定された交通体系が形成された。これに加えて、たとえば企業で従業員の採用に際して免許の保有を条件としたり、鉄道や路線バスなど公共交通が不便な地域でもそのダイヤと無関係に会合のスケジュールが組まれたりするなど、社会のさまざまな分野で、車を利用しない人を実質的に排除する仕組みができている。公共交通は大都市圏の鉄道による通勤・通学輸送がかろうじて現状を維持しているのを除けば縮小の一途をたどっており、それがますます車の必要性を高めて循環的に互いを促進するフィードバック関係に陥っている。

東日本大震災における福島市内での被災体験が報告されている。[注6] 内陸部であるため津波の被害はなく建物の被害も少なかったが、水・食料の問題が生じた。このとき「ガソリンがないと水も食料品も入手できない」という問題が生じた。給水所の場所が遠く、また人力では運べる水の量が限られたり、食料品を求めて市内を巡るといった行動に際して、かりに自動車があったとしてもガソリンの不足により動けないという点である。報告者はガソリンのことを「命の水」と表現している。もとより自動車が利用できない人にとってはより深刻な問題となる。

また報告者は、一般にライフラインとして挙げられる電気・水 の他に、商店（食料品店）もライフラインであると指摘し、大型店進出による既存商店街の衰退がライフライン脆弱化であるとしている。

図（写真）4—3　日常的にみられる路上駐車

これも車の普及と表裏一体の市街地の郊外化と関連がある。

　また「道の駅」を防災拠点として活用する提案がある。[注7] 一見すると効果的な対策であるが、筆者としてはこの種の提案には抵抗を感じる。一般に道の駅は車がなければ行けない場所にある。大きな災害時にはバスやタクシーも機能しない可能性が高い。防災も車の使用を前提に計画されており、車を利用できない住民は取り残される。

「停まる凶器」

　交通事故の点から車は「走る凶器」と比喩されるが、都市問題としてみれば車は「停まる凶器」でもある。そもそも車は、適法か違法かを問わず「駐車」という行為が伴わなければ、ほとんど利用価値がない。車は購入から廃棄までの総時間のうち数％しか稼動しておらず、残りの時間は単に空間を占有しているだけである。図（写真）4―3は日常的にみられる光景であるが、一定の人口集積がある地域では、所かまわず車を停める行為は交通事故を誘発する原因にもなるし、渋滞を引き起こして排出ガスを増やせば間接的に他者の生命・健康を損なう影響がある。

部分的な自動運転として自動駐車システムがすでに商品化されている。日産「リーフ」[注8]で提供される「プロパイロットパーキング」は、ドライバーがボタン操作で指示すると自動的にステアリング・前後退を行って駐車するシステムである。なお公式サイトにはプロパイロットパーキングに関して「手放し運転を推奨するものではありません。ハンドルに手をかざし、安全運転を心がけてください」との注意書きが付されているが、宣伝動画[注9]ではそれに従わず手放し運転をアピールしている。駐車場は道路以上に人間との交錯が多く事故が発生しやすい環境である。自動運転車が普及するにつれ、こうした問題による事故が多発するだろう。

しかもこれは正規の駐車場で区画線が明瞭に引いてある場合の話である。現実の街では名目だけでも駐車場があればまだ良い方で、ほとんどの車は歩道に片側の車輪を乗りあげて駐車している。歩道が設けられないような狭い路地裏の道でも、夜になるとやはり無料駐車場と化し、消火水槽のマンホールの上に車輪をまともに乗せている車も珍しくない。「名古屋駐車」等と通称されるように多重駐車さえみられる地域もある。「停まる凶器」の問題は自動運転によって解決されない。

都市の物理的な形状とともに、その都市に提供されている交通施設の状況によっても、車依存に大きな影響を与える。たとえば駐車場である。駐車場の整備は、路上駐車を防止し、都市の交通の円滑化に貢献するという理由がつけられることが多いが、結局のところ、駐車場を便利にするほど車の利用を促し、より多くの車を呼び寄せる要因となる。前述のように停まっている車は常に走行需要の潜在的圧力として存在しているのであり、もし車の走行環境が整ったら、その圧力によって車が道路にあふれ出してくる。自動運転により渋滞が緩和するとしても、それはソフト的に道路を増やすこと、言いかえればハード的な投資なしに道路容量を増やすことを意味する。自動運転も、一時的に渋滞緩和効果が得られたとしても、その分はすぐに自動車交通量の増加により帳消しになる可能性がある。

これまで都市における車の利用を抑制する試みは失敗例が少なくない。例えばパーク・アンド・ライドとして、公共交通の便利な乗り換え点に駐車場を設け、郊外からの車をそこに停めて公共交通への乗り換えをうながすことによって、都心の車交通を減らすことを意図した方策である。しかしパーク・アンド・ライドがかえって都市全体での車の利用を誘発した例もある。札幌市の事例では[注10]、地下鉄などの駅近くに駐車場を整備しマイカー通勤者に乗り換えてもらうパーク・アンド・ライドを試みたが、逆に郊外の交通量増加を招いていることが事後の調査でわかった。駐車場利用者の多くが以前バスや徒歩で駅に通っていたほか、駐車場を車庫代わりに使うドライバーもいた。中心部の車の削減には効果がみられたが全市の交通量抑制につながらず、郊外の路線バスの乗客も奪ったとしている。

人口希薄地帯のモビリティ

一般に「過疎地」と呼ばれる地域がある。法的には「過疎地域自立促進特別措置法」第二条による定義があり、全国で八一七市町村（および合併前の旧町村の区域など）が該当する[注11]。三大都市圏と各都

図４―４　2050年の人口減少状況（5割以上人口が減少するメッシュ）

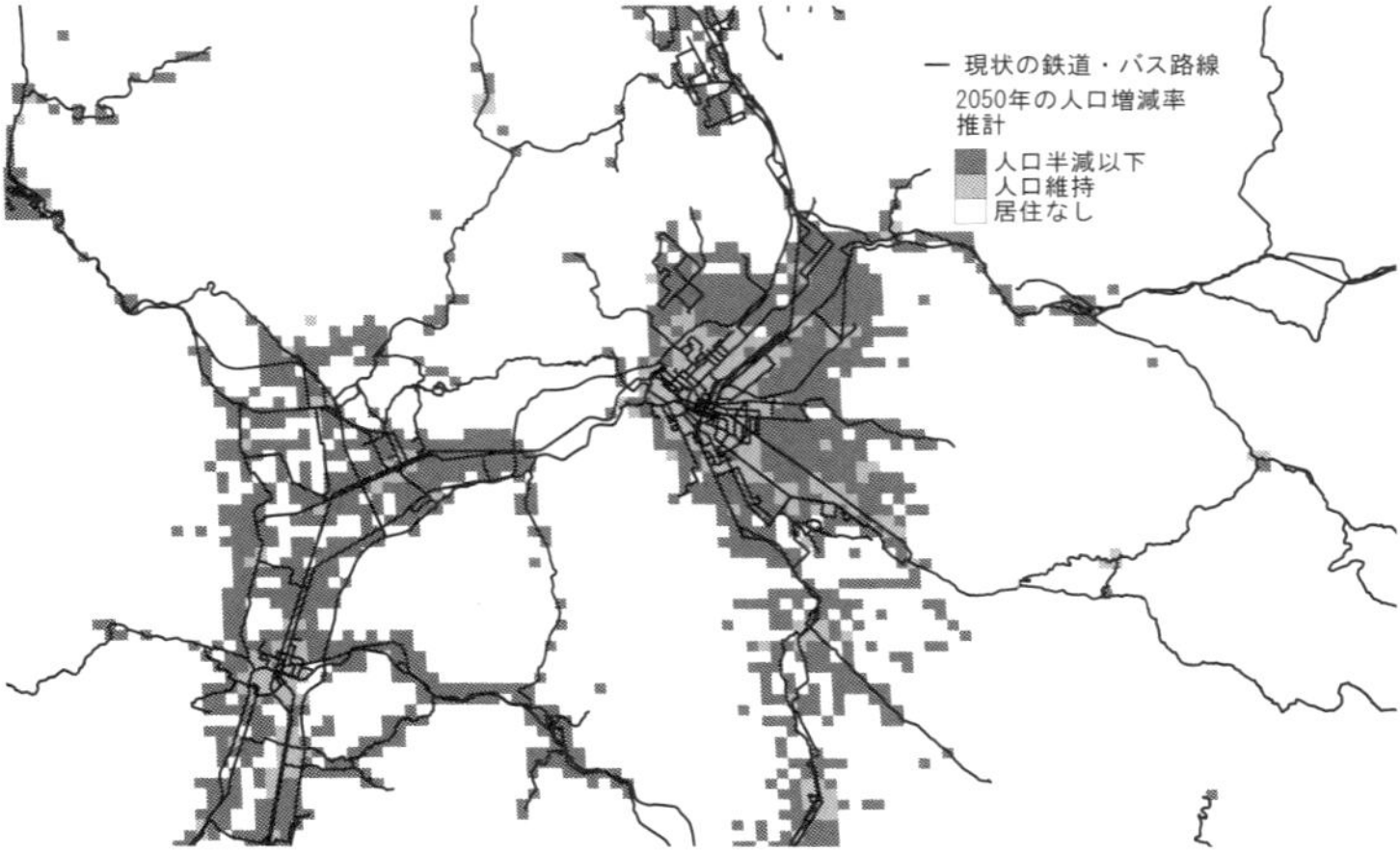

道府県庁所在都市がむしろ例外であり、それ以外はほとんど過疎地に分類される普遍的な問題である。たとえば北海道では特に厳しい状況がある。北海道について、生活必需的な施設として最寄りの総合医療機関と食品スーパー（コンビニエンスストアを除く）を対象として、どのくらいの距離でアクセスできるかの分布状況について、前項の愛知県と同様に集計した。すると北海道の全人口五五〇万人のうち、総合医療機関に対して一km圏内に居住している人は一二万人（二%）、同じく食品スーパーに対して四三万人（八%）にすぎない。北海道では一km程度の距離でも、冬期には徒歩や自転車による移動は厳しいであろう。もし自分自身で車が利用できず、かつ公共交通機関がなければ別の人に乗せてもらわなければならない。それらの手段も失われれば生活の質が大きく損なわれる。

図4―4は北海道の道央・道北部（空知・上川エリア）の二〇五〇年における人口減少比率（対二〇一〇年）の予測と鉄道・バス路線すなわち在来型の公共交通の路線状況を示す。黒のメッシュは二〇五〇年の時点で人口が五〇％以下（二〇〇〇年比）に減少すると予想されるメッシュ（一㎞枠）を示す。[注12]この減少では地域としての存立は困難になると思われる。人口が維持されるのは旭川市・帯広市の中心部など一部であり、その他はこれらの都市周辺でさえ消滅予想地域が広域にわたってみられる。現在はサービスレベル（一日あたりの本数や運賃など）の面はともかくとして一応は居住地域を鉄道またはバスがカバーしているが、人口が五〇％以下となると存続は厳しいのではないか。北海道に限らず全国的に地方都市・農村部では既存の公共交通が成立しなくなり、車を利用できない人々のモビリティが損なわれている。なお鉄道路線に関してJR北海道は、二〇一六年一一月に「当社単独では維持することが困難な線区について」を公表した。[注13]その対象は一〇路線・一三区間で合計一二〇〇㎞に達し、かりに該当路線が廃止されるとすれば住民のモビリティはさらに損なわれる。

自動運転は過疎地で車が運転できない（困難な）人々の移動の自由に貢献するという期待が語られている。しかしどのような技術やシステムであれ、ビジネスとして評価するかぎり過疎地から先に普及することは考えられない。今では過疎地こそ携帯電話が必需品となっているが、都市部での料金収入がなければ携帯電話のサービスそのものが成立しない。車もまさに同じ関係がある。過疎地こそ車が必需品であるが、戦後のモータリゼーションの過程を振り返れば、車は過疎地から普及したのではなく都市から普及した。都市での需要を背景とした大量生産と価格低下がなければ過疎地への波及は考えられない。かりにあるとすればビジネスではなく補助金に依存したシステムとならざるをえないであろう。

自動運転車の普及可能性

「レベル5」では、どのような場所でも、いかなる状況でもドライバーが介入する必要がない。しかし歩行者・自転車・電柱・路上の放置物が存在したり、複雑で変則的な道路状況が存在する一般街路や細街路での完全自動運転はかなりハードルが高いのではないだろうか。前述のように「レベル4」では、全ての必要な操作をシステムが担当するがODD（限定領域・Operational Design Domain）の制約がある。このODDは公的な基準があるわけではなく、この条件では完全自動運転はできないとメーカーが恣意的に除外すれば、ユーザー側からはどうしようもない。

社会全体として自動運転車がどのレベルでどのくらい活用できるのかは、現実の自動車はどのように使用されているのか、自動運転になってどのくらい走行可能な範囲があるのかを検討する必要がある。そのためには、全国で自動車がどのように動いているのかを把握する必要がある。自動車の全国的な動きの統計データとして「全国道路・街路交通情勢調査（通称・道路交通センサス）」があるが、この中に道路を主体としてみたデータと自動車を主体としてみたデータがある。おおむね五年おきに国土交通省により行われる。

道路側からみたデータは「一般交通量調査」として詳細なデータがウェブで取得できる。[注14] これは全国の決められた観測点（区間）で、時間帯別の交通量・走行速度・通行する車種別の台数内訳などを計測する調査である。これはある道路の断面における交通状況をあらわすデータである。

一方で自動車側からみたデータもある。これが「自動車起終点調査（ＯＤ調査）」であり、全国で登録されている自動車（乗用車・トラック・バス）が、どこからどこへ移動したかの調査（調査票方式）である。ただし国内の全自動車について一斉に調査することは困難なので抜き取り調査を行い、統計的に拡大して全体の値を推計している。データはウェブで公開されていないが、情報公開請求を行えばメディア代の実費程度でその集計データが入手できる。[注15] これらのデータの内容を表４―１に示す。

表４―１　道路交通センサスの調査内容

一般交通量調査（道路側からみたデータ）	道路状況調査	車線数・車道幅員・交差点数・歩道の有無など道路の物理的な現況を調べる	ウェブで公開されている
	交通量調査	道路上の調査地点を通過する車の台数を車種・時間帯・方向別に数える	
	旅行速度調査	主として混雑時に実際に自動車で走行し、道路の平均速度を調査する	
自動車起終点調査（ＯＤ調査）（自動車側からみたデータ）	高速ＯＤ調査	高速道路の利用者を対象にインターネットによるアンケート調査を行う	情報公開請求が必要
	路側ＯＤ調査	一部の県境で自動車を道路脇に停車してもらい利用状況を聞き取り方式で調査する	
	オーナーインタビューＯＤ調査	車の使用者及び所有者に対し車の利用状況についてアンケート調査を行う（サンプリング調査）	

人の動きについては「パーソントリップ調査」がある。これは特定の一日について、調査対象となる人がいつ・どこから・どこへ・何のために（通勤、通学、業務等々）・どのように（車・鉄道・バスから自転車・徒歩も集計）で移動したかの調査である。前述の「自動車起終点調査（ＯＤ調査）」と似ているが「人」に注目した動きなので車両の動きとは必ずしも一致しない（たとえばバスの車両は起点から終点まで行くが乗客は途中で乗降する）。パーソントリップ調査は全国一律ではなく主として大都市圏が対象である。実施状況の一覧は国土交通省ウェブで表示されている。[注16]公開状況やフォーマットは統一されていない。集計データがウェブで公開されているのは東京圏[注17]・中京圏[注18]・近畿圏[注19]・福井圏（嶺北）[注20]などである。

これらのデータを用いて、実際の車や人はどのように動いているのか、自動運転が適用できる範囲はどのくらいあるのかを検討する。ただし車の使い方は地域の状況によって大きく異なると考えられるので、まず「パーソントリップ調査」について三つのケース、①公共交通の利便性が高く人口集積が大きいゾーン（例・東京都世田谷区）、②一定の人口集積はあるが公共交通の利便性が低いゾーン（例・茨城県龍ケ崎市）、③公共交通の利便性がほとんどなく人口集積が低いゾーン（例・茨城県神栖市）の三パターンを例として分析する。

その結果、車による人の移動は図4―5のようにいずれの地域でも車の利用回数のうち九〇％以上が二〇㎞以内の移動であり、ほぼ全ての移動は五〇㎞以内であることがわかる。すなわちいずれの地域でも車は主に地域内の移動で使われる一方で、高速道路で中・長距離をクルーズするような使い方はごく一部である。また「自動車起終点調査（ＯＤ調査）」についても同様に集計してみると、図4―

図４―５　パーソントリップの乗用車距離別トリップ分布

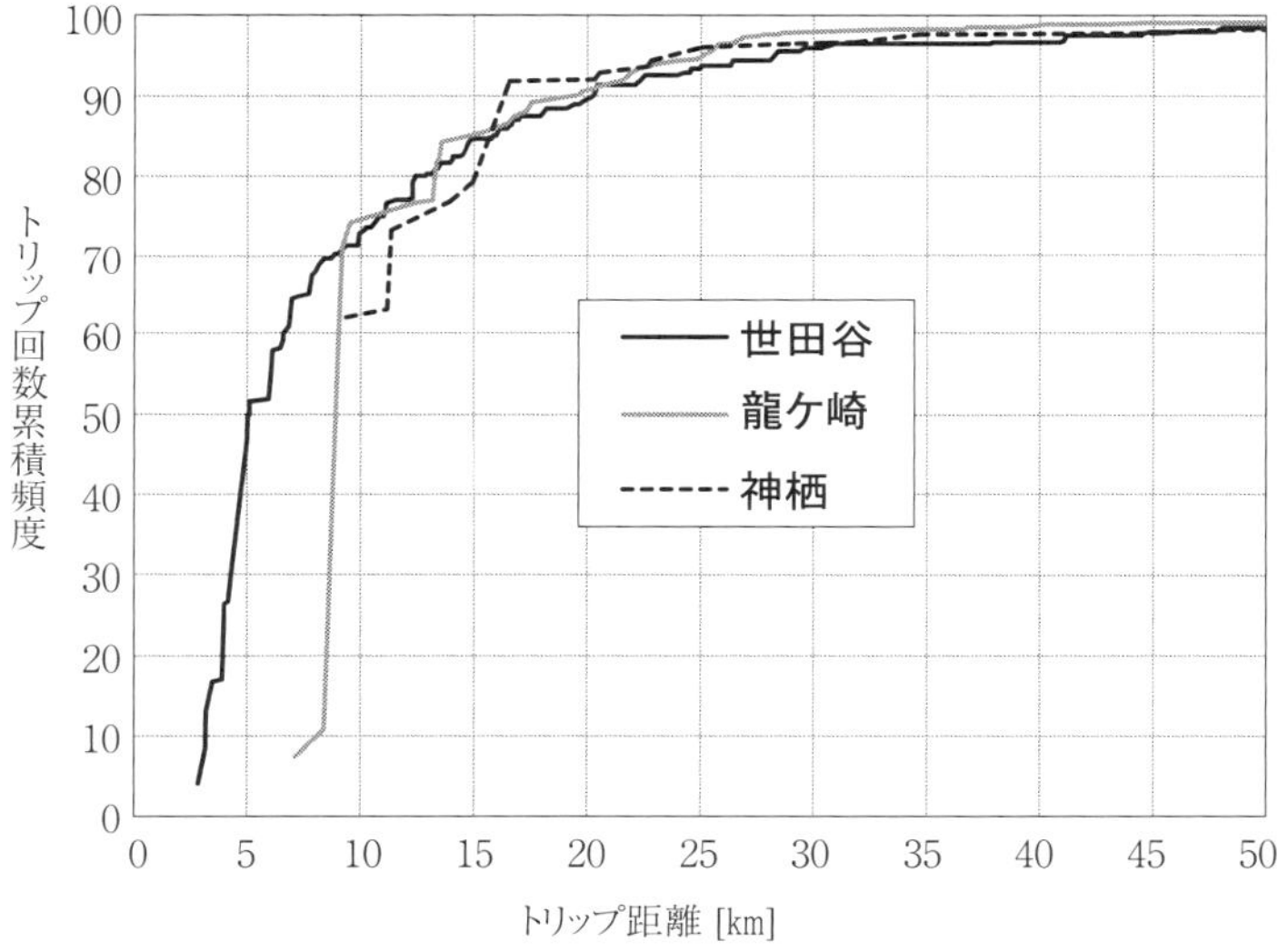

図４―６　自動車ＯＤ調査の乗用車距離別トリップ分布

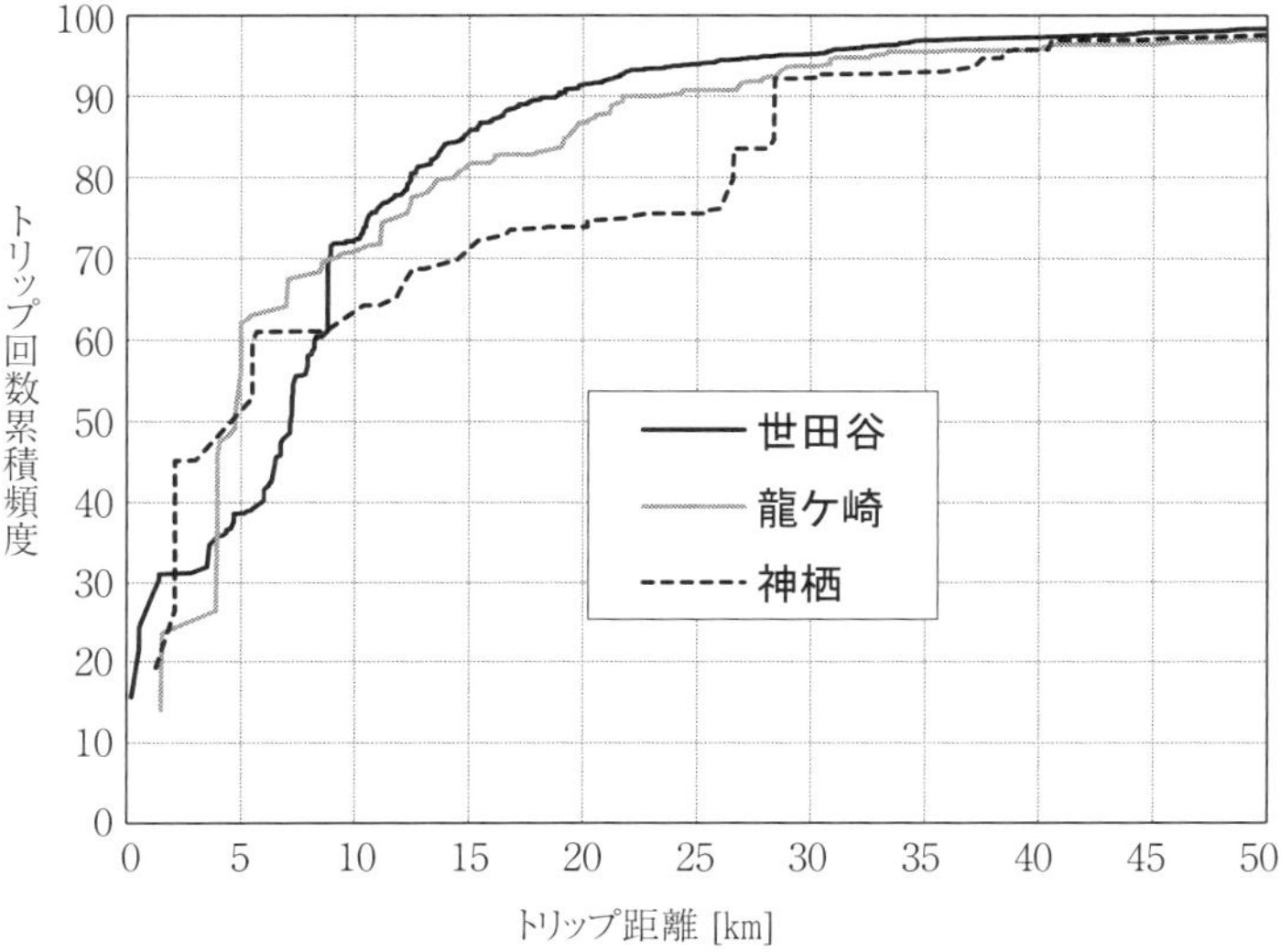

6のように神栖市でややトリップが長い傾向がみられるものの、三〇km前後でほぼ九〇％以上が完結し、五〇km前後でほぼ一〇〇％が完結している。

高速道路における長距離クルーズ（追従走行など）の領域は自動運転が達成しやすいが、前述のように車の使い方としてはわずかな比率である。一方で自動車は地域内の近距離での使用が大部分であるが、その環境では歩行者や自転車との混在、支障物の存在、入り組んだ路地など、自動運転を達成するには難度が高い。

「レベル4」まで実用化されたとしても、大部分の車の使用はＯＤＤの外、すなわち自動運転が適用できないゾーンとなるか、あるいは適用できるゾーンとできないゾーンがしばしば入れかわり、結局は手動運転のほうが楽という状態になりかねない。

自動運転の領域が限定されない「レベル5」の完全自律運転は日本の交通環境では相当に先であろう。

また道路の種類別（高速道・一般国道・県道・市町村道など）の自動車走行量について、一般交通量調査および「自動車燃料消費量統計年報」[注21]を併用して集計すると、東京都では高速道路の交通量が全体の五％、都市高速道路（首都高速）が二〇％ていどであり、その他は一般道や細街路である。なお首都高速は「高速」と称しているが、制限速度の面や複雑で変則的な合流・分岐など走行環境は一般道に近い。

茨城県になると高速道路の交通量の割合は一〇％強ていどである。「パーソントリップ調査」や「自動車起終点調査（ＯＤ調査）」もほぼ同様の傾向を示している。

新しい移動サービス

従来の移動サービス（いわゆる「マイカー」以外の交通機関としての利用）は、固定ルート・固定時刻（ダイヤ）で運行する鉄道・バスから始まり、より細かく個別的な移動についてはタクシーが利用されてきた。一方で新しい形の移動サービスのビジネス（カーシェアリング、ライドシェアリング）[注22]が試みられており、これらに自動運転車を組み込むことによりさらに効果的に活用できると提案されている。これらの新しい移動サービスと自動運転の関連について検討する。

カーシェアリングは共用の車を時間単位で借りて使用するシステムである。日本ではタイムズ[注23]・オリックス等[注24]が運営している。レンタカーと同じではないかと感じるが、レンタカーは法人のレンタカー事業者が車両を保有し不特定多数のユーザーに対して貸し出すのに対して、カーシェアリングは会員制の共用車を使用してその費用を分担するという構成の違いがあり、法律的にも取り扱いが異なる。

ただし在来型のレンタカーでもインターネット予約システムが普及し、一方でカーシェアリングも大手事業者が運営するケースでは見かけ上はレンタカーとあまり変わらず、実際の利用者はシステムの違いを意識せずトータルの費用の高低を基準として選んでいると思われる。自動運転車との関連としては、レンタカーにせよカーシェアリングにせよ車そのものが自動運転車に転換される可能性もあるが、別の使い方としてユーザーが指定した場所（自宅など）まで車が無人回送されてくるというサービスが考えられる。現在はユーザーが営業所あるいはステーションまで出向かなければならないが、無人回送が実現されればその手間が不要となる。公共交通の不便な地方都市・町村で利用される飲酒時の「運転代行サービス」は二名一組のドライバー（代行ドライバーは第二種免許が必要）を必要とするが、自動運転車の適用可能性としては随伴車を無人で追従運転すれば代行ドライバー一名（顧客車を代行運転）で済む。

これに対してライドシェアリングはいわゆる「相乗り」であり、多くは個人が所有する車に利用者を同乗させる移動サービスである。日本では認められていないが、海外で普及している「ウーバー」型のTNCサービス（登録されたドライバーと利用者のマッチングを行い乗車・決済までを行うサービス・Transportation Network Company）がこの形である。もともと私的な相乗りは日常的に行われており、謝礼としてガソリン代や高速道路料金を分担することも慣例となっている。ただしこれを事業として行うと道路運送事業法に抵触し「白タク」行為にあたる。またカーシェアリングはすでに事業化されているが、これまではタイムズ社のように事業者が介在するB２C（事業者と顧客・Business to Customer）あるいはB２P（事業者と個人・Business to Person）が一般的であったが、日本での普及可能性は不明であるがP２P（個人所有の車両を別の個人間でシェアする・Person to Person）のカーシェアリングという形態もアイデアとしては可能である。

日本ではまだ具体化していないが、米国では自動（無人）運転とライドシェアの組み合わせがビジネスモデルとして提案されている。[注25]車の所有者が自分が乗らない時間帯に無人運転で車両を走らせて収益を得る方法である。

これとは別の観点で欧州の「BlaBlaCar」[注26]、日本の「notteco」[注27]のような組織的な相乗りマッチングサービスも広まっている。[注28]「BlaBlaCar」はインターネットを介したヒッチハイクであるが、無料ではなく車で旅行（通常は中長距離）を予定している人が同乗者を募り、自車の空席に価格をつけて利用者がそれに応募

表４—２　人の移動サービス（鉄道・軌道は除く）と自動運転

運転の形態	車両の保有	モビリティの形態 網掛け部は現在も存在する形態	自動運転の適用可能性	自動運転の導入による費用・便益
自身で運転	個人	在来のマイカー	個人の選択	オプション選択によりユーザー負担
	法人	在来のリース（月〜年）	適用可	利用料金に賦課
	法人	在来のレンタカー（日〜週・月）	無人配車・返却	
	会員制※	カーシェアリング（固定ステーション）		
		カーシェアリング（フリーステーション）		
	個人	P2P型カーシェアリング	あまり現実的でない	
	個人	パーソナルモビリティ（セグウェイ等）	無人運転の意味なし	
乗客として搭乗	法人	在来のバス・デマンドバス	条件により適用可	利用料金に賦課される一方で無人運行による労務コスト節減の可能性
	法人	在来のタクシー（流し・駅待ち・呼出し）		
		配車アプリ利用タクシー		
		タクシー相乗り	技術的には適用可だが困難であろう	
	個人	TNC型（配車アプリは法人）	無人運転で運行し車の所有者が収入を得る	
	個人	ライドシェア（有償相乗り）		

※会員制であるが大規模になれば法人運営に類似

する仕組み（オークション）である。「BlaBla」とは英語の雑談・お喋りの意味であり、中長距離の運転に際して同乗者を募ることによる退屈しのぎ、眠気防止などドライバー側にもメリットが考えられる。見かけは「ウーバー」型のＴＮＣ型に似ているが、ＴＮＣのドライバーは職業（パートタイムであるにしても）であり、顧客が指定する行き先に向かうので「相乗り」ではない。これに対して「notteco」は仲介手数料を無料とすることで運送行為とみなされない。このため公認で北海道の「天塩町ライドシェアサービス」で実証実験が行われている。[注29]また政府は二〇一九年三月の「未来投資会議」で相乗りタクシーを解禁する検討を開始した。[注30] これは個人相乗りではなくタクシー事業者の中での相乗りを認めるシステムである。なお「未来投資会議[注31]」は竹中平蔵らが参画して新自由主義の発想を中心としているため、人々の移動の自由の増進という観点があるかどうかは疑問である。

このほか自動運転との関連では、無人運転バス、物流の末端の配送車等に適用の可能性がある。LSV（おおむね三〇km／時以下で走行する軽量小型の車両・Low Speed Vehicle）も無人運転の対象となる。速度が遅く無人化しやすいが、公道上で一般車と混在した場合は混乱の可能性が高い。自動運転バス（在来の路線バスの自動運転化）については二〇二〇年の実用化を目標として国交省により全国の道の駅を拠点として実証実験が行われた。[注32] 実験では一部で「レベル4」を超えた内容もあったため整理員を配置し一般車の進入を禁止する等の特別措置を講じた。GPSの電波中断や他の駐車車両が存在した状態でのすれ違いなどでドライバーの介入が必要になる局面がみられ、現実の公道上での完全自動走行にはまだ遠い。

別の分野として、従来から使われているシニアカー[注33]や電動車いすの分野はPMV（パーソナルモビリティ）に分類され、セグウェイ[注34]、ナインボット[注35]等の新しい形態が登場している。セグウェイは高機能電動車いすから派生したとされている。法的にはシニアカーはジョイスティック操作型の電動車いすと同じ福祉用具であり、公道を通行できるが車両ではなく歩行者扱いである。PMVの法令上の扱いは今なお混乱があるが、セグウェイは所定の改修を行えば小型特殊自動車として公道走行が可能である。ただしセグウェイやナインボットの操作にはある程度の身体機能が必要なので、障害者の移動支援に使うことは可能だが制約がある。[注36] PMVに関しては国土交通省が「超小型モビリティ導入に向けたガイドライン[注37]」を提示している。前述のように高度なレベルの自動運転の普及は疑問であるが以上を総合して、かりに「レベル4〜

5」が実現したものとして、考えうる適用形態を表4—2に示す。

バスと自動運転

路線バスの自動運転が実現すれば地方圏の公共交通機関は全面的にこれに代替されると予測する論者もある。老沼志朗は下記のように述べている。[注38]

技術進歩の進展速度面に加えコスト面を考慮すると、地方線区では鉄道無人化ではなく、完全に自動車（無人運転バス）へ代替されてしまうおそれもある。仮にマイクロバスで考えると、普通のマイクロバスが自動運転マイクロバスになった場合、運転士自身の人件費のみならず、各種保険や年金、労務管理の費用などがすべて削減可能となる。これは視点を変えると、バス事業が労働集約型産業から資本集約型産業へ変貌するとも言える。過去、同様の変貌を遂げた産業では料金水準が大きく低下しており、バス事業も同様に今の数分の一の料金水準になるような未来が予想される。このように考えると、自動運転が実用化された未来で地方交通の担い手が鉄道となるのか否か、今から対策を講じていく必要があろう。

たしかに条件としては、路線バスはルートが決まっており事業者が運行を管理しているので自動運転に適している。また途中乗降がない（少ない）地方空港と市街地のシャトルバス等も適用対象の可能性がある。しかし実態は厳しい。路線バスの中でも全国に数十カ所の「路線バス専用道」がある。これらは鉄道の建設予定敷地や廃線跡地をバス専用道路としているケースが多く、歩行者・自転車・その他一般車の通行が禁止されている。図（写真）4―7はJRバス関東の「白棚線《はくほう》」である。福島県白河駅と同県磐城棚倉駅の間を結ぶ鉄道として一九一六年に私鉄の白棚鉄道として開業し、一九四一年に国有化されたが、戦時中に営業を休止したまま再開されず廃線跡地をバス専用道（JRバス関東所有の私道扱い）に転換して現在も運行されている。「高速」という文字が現在も残っているが現在の高速道バスではなく一般の路線バスである。一般道との交差部分は「踏切」に準じる扱いで写真のように一般道の側に一旦停止が義務づけられている。こうした条件から一見するとバスの自動運転が導入しやすい状況なのだが「高速度専用」となっているものの現在では並行する国道のほうが道路状況が良く、図（写真）4―8のように路面は劣化して振動・騒音が激しく大穴が開いた場所もみられた。交差部でも一般車の飛び出しに妨げられることがある。

これらの点はいずれ技術的に対処が可能としても別の面で問題がある。沿線に高校があり、筆者が利用した際には多数の高校生が停留所で待っていたが、車内に最大限詰め合わせても一台のバスに乗り切れず「積み残し」が発生した。バスでも定員を超えた乗車は違法であり、運転手の判断であるていど黙認している実態も各地で見受けられるが、それでもとうてい対処できない人数であった。しかも次の便は一時間後にしかない。特別の行事などの影響とは思われず、毎日がこの状態のようであった。

自動（無人）運転になるとこのような状況には対応できない。したがって自動（無人）運転をバスに

図（写真左）４―７　バス専用道と一般道の交差部
図（写真下）４―８　バス専用道の路面状態

適用するとすれば、日常的に利用者がごく少なく定員超過が発生するおそれがない、文字どおりの過疎バスに限られるであろう。警察庁が民間研究機関に[注39]委託して行った調査によると、二〇二〇年までに実用化を目指す「レベル４」相当の限定地域における無人自動運転移動サービスとして以下の条件が想定されるとしている。これを適用すると、かりに交通量が少ない過疎地等の限定条件を設けるにしても制約が多過ぎて、在来の「路線バス」の機能を代替するとは言えないのではないか。

○サービスが提供されるエリアは、過疎地等の比較的交通量が少なく見通しの良いエリア、市街地でも歩行者・二輪車などの突然の飛び出しが発生しにくいエリア、あるいは大学構内や空港施設内等であって比較的走行環境が単純なエリアなど。
○時速は時速一〇～三〇㎞など低速で、あらかじめ定められた特定のルートのみで運行する。
○搭乗可能な乗客は少人数で、特定の場所で乗降する。
○運行は天候条件の良い日中に限定し、夜間や、降雨時・降雪時などの悪天候では運行しない。
○運行状況はサービスを提供する民間事業者等により監視されており、運行中の車両の走行環境が限定領域（ＯＤＤ）を超える又は超えそうな場合には、車両は速やかに運行を中止する。その後、遠隔のドライバーにより限定的な運行が行われるか、又は車両にサービス提供者等が駆けつける等して、必要な処置を行う。
○ドライバーではないが、乗客に対する補助的なサービス等（乗降の補助など）を行う者が常に乗車し、自動運転システムでは対応できない事態に備える場合もある。

図4―9　タクシーの流し・駅待ち営業が成立する条件

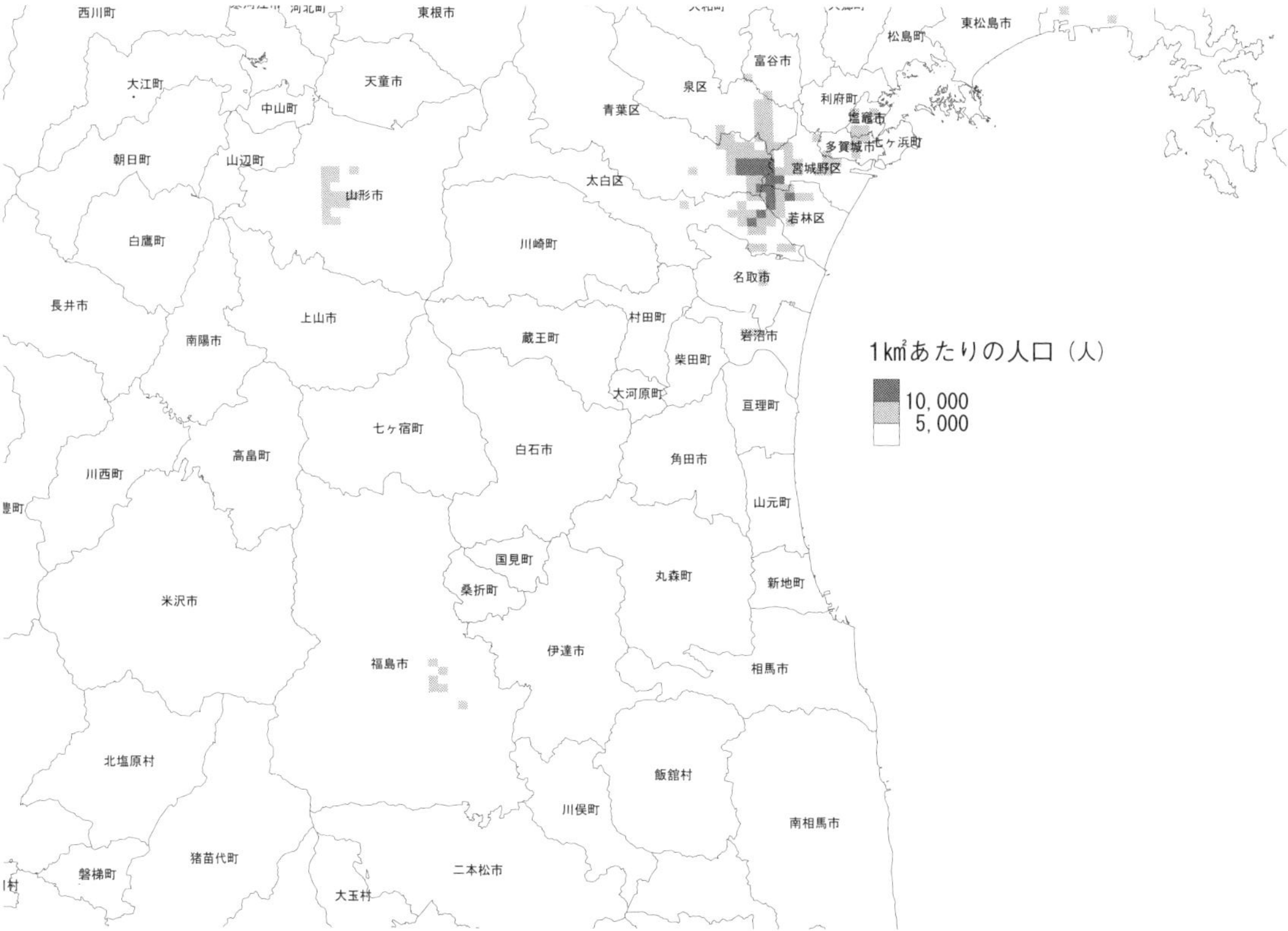

タクシーと自動運転

鉄道が廃止され、さらに路線バスも存続できない地域ではタクシーが「最後の公共交通」とされる。表4―2では可能性としてタクシーの自動運転を挙げているが、ドライバーの雇用が不要で、かつ経営上も労務費（給与・社会保険・福利厚生等）が不要となるから、現在のタクシーが人的・経営的に存続困難な地域でもタクシーサービスを継続できるという見解もある。しかしこれも現状では厳しいのではないか。

従来型の法人タクシーでは、一般に人口密度が一㎢あたり一万人以上ならば流し営業が、同五〇〇人以上ならば駅待ち営業が成立するとされている。[注40] 図4―9は東北地方南部を示すが、県庁所在地でも流し営業が成立するのは宮城県仙台市の一部のみであり、駅待ち営業が成立するのも各県庁所在地のみである。ただしデータは住民（国勢調査）人口なのでビジネスや観光は考慮されておらず、実態としては駅待ち営業の成立可能地域は図よりも広いと思われる。たとえば新幹線あるいは特急の停車駅であれば呼び出さなくても常時タクシーの待機がみられる。

一方で筆者が流しも駅待ちも成立しない人口希薄地帯でタクシーを利用した際に実際に遭遇した事例を挙げる。

(1) 駅で列車から降り、以前に利用したタクシー会社に電話したところ「何の用ですか」と聞かれ、驚いて問い返したところ「廃業した」と言われた。結局、数㎞を徒歩で移動した。
(2) 駅からタクシー会社に電話したところ、少数しかない営業車両が遠方に出払っていて配車できないと言われた。しかし駅で待ちぼうけは気の毒だからと私有車で迎えに来てくれたので目算で料金を支払って（公式には違法であるが）移動することができた。
(3) 平日の午後にタクシー会社に電話したところ、小学校の統廃合により徒歩で通学できなくなった小学生の送迎（自治体による借上げ）で数時間にわたり配車できないと言われた。幸い生活路線代替バス（自治体から民間バス会社に委託）があったので利用したが、予定より数時間よけいに時間を要した。

幸い利用できても、ドライバーと会話すると「自分がやめたらもう廃業だね」とよく言われる。もともとタクシーだけでは生計を維持できないため「半農半タク」と呼ばれる兼業が多く、営業車両も一台から数台のケースが多い。タクシー事業を存続するインセンティブも乏しい。

このように在来型タクシーさえ辛うじてやり繰りで運営している地域で、付加的な投資を必要とする自動運転車の導入とその管理を行うことができるだろうか。あるいは新タイプのモビリティ（カーシェアリング、ライドシェアリング、マッチングサービス）であっても成立する見通しは乏しいのではないか。たとえばTNC型の配車アプリを活用するにしても、その地域に一定の密度で登録車両が存在していなければ成立しない。配車アプリでマッチングを行うにしても数十㎞の遠方から呼び寄せるなどは現実的でない。

結局、流し営業あるいは少なくとも駅待ち営業が成立する条件でなければ、ＴＮＣにしても成立しないのではないか。配車アプリの活用で成立限界がいくらか下がる期待はあるが、今後の見通しはまだ不明である。実際にウーバーのドライバーとして就業し勤務・収入・経費・リスク等を報告している記事があるが[注41]、大都市でなければ成り立たないことが実証されている。なおタクシーが自動運転（無人）化された場合、路側で手を上げて呼び止める方法は使えなくなるのだろうか。筆者の事務所は東京都千代田区にあるが、タクシーを呼びとめる場合、スマートフォンを操作しているよりも路上で手を上げたほうが簡単である。

一方で、自動運転はタクシー業界の救世主と期待する意見もある。大手タクシー会社の経営者は、訪日外国人の増加など需要が見込まれるのにドライバーの高齢化など供給面での制約があり、自動運転はむしろタクシー業界の生き残り方策として取り組むべきだと述べている。ただし当面は「レベル４」すなわち限定的なルート（エリア）での無人運転であり、利用者が指定する任意の目的地に連れていってくれる機能はまだ無理という前提である。また「人がいらない」面を重視しているのではなく、有人車両は障害者対応など必要な部分に特化すべきとしている。車両価格が高額になることも課題の一つとしている。[注42]

「人が不要」という幻想

かりに地域交通に自動運転バス（タクシー）を導入するとすれば、理由は何にせよ自分自身で運転できない人が利用するケースが多いと考えられる。すると自動運転バス（タクシー）に求められる機能とは、現在の自動車の延長上でドライバーを補佐したり操作を分担したりする機能ではなく、運転できない人が乗車することを前提として完全自動運転のロボットカーの機能が求められる。いま開発されている自動運転車でそのような機能を近い将来に実現できるとは考えにくい。人間が運転する場合でも大型車は乗用車に比べるとより高い技能を求められ免許も異なる。自動運転化についても中型・大型車は技術的にハードルが高くなると考えられる。

公道上での「レベル４（一定の条件でドライバーの介入なしに走行可能）」を目指したバス自動運転の実験[注43]では、対向車がいる状況での路上駐車車両の回避や、ＧＰＳの受信感度が低下した時などにドライバーによる介入が必要となった。また路上に張り出した植栽を支障物と検知して停止したトラブルも発生した。実証実験は警察庁のガイドラインに基づいて行われ、「レベル４」相当の機能を有していても、運転席のドライバーが常に監視を行い、異常時には運転に介入できなければならない。乗客を乗せて実際に営業運行を行うとしても、「レベル４」までは大型二種免許所持者の同乗が必要であるから人件費がいらないという条件は達成できない。

完全に無人の状態で支障物を検知して停止してしまったとき、管理センターのような機能を設けて、利用者からの通報を受けて救援要員を派遣するとか、あるいはカメラ画像を通じて遠隔操作を行うなどの対策が必要となるだろう。しかしその場合でも当該の車両を運転ができる資格保持者が必要ではないだろうか。実際に運転せずシステムに介入して例外操作を行わせる対応も考えられるが、そのエンジニアは車両の運転資格がなくてもいいのだろうか。もしトラブルが短時間が解消しない場合、利

図（写真）4—10　地方都市の路線バス車両

用者を降ろして車両を回送するのであれば第二種免許は不要だが、その利用者を送迎する手段がまた別に必要になる。

　また経済的にも制約がある。バスの自動運転車は、車両自体も在来車よりはるかに高額となるし、前述のように保安・管理体制にも現状では必要のない追加的な費用がかかる。地方の中小バス事業者は、経費節減のため大都市の路線バスの中古車を購入して使用することが常態化しており、降雪など気象条件の厳しい地域が多いこともあって図（写真）4—10のように満身創痍の車両を使用している。

　こうした事業者では、バリアフリーのためのノンステップバスの導入すら容易ではない。交通系ICカード（Suica、Pasmo等）対応の機器の購入やデータ管理組織（料金決済システムなど）の負担金も出せないのでICカード対応ができない。全国の路線バス約二二〇〇事業者のうちICカード導入

図(写真)4—11　電動スロープ

事業者は二一四事業者である。[注44] 自動運転が可能になったとしても、高価な初期投資が必要で、少なくとも安定運行が確立するまでは保安要員も必要というのでは、地方の中小バス事業者はとうてい導入できない。自動運転車の普及を待っているうちにバス路線が消滅してしまうのではないか。補助金等を伴う特例あるいは実験としてしか成立しないであろう。

日本では自動化あるいは機械化への「信仰」にも似た期待がみられるが、人間を機械で代替することは簡単ではない。たとえば車いすでの鉄道利用がその典型例である。かつて鉄道事業者は「ダイヤが乱れる」という懸念から車いすの乗車を過度に警戒し「本人が一週間前までに申し込む」などのルールを設けて事実上門前払いの姿勢であった。その後バリアフリーの必要性が指摘されるにつれて、図(写真)4—11のような「ラクープ(商品名)」という電動式スロープが設置されたが全く使いものにならなかった。

結局、駅員（警備員）が携行する「渡り板」が最も迅速・確実であることが経験を通じて定着した。実際に運用してみると、通常の混雑や駆け込み乗車など他の要因に紛れてわからない程度の変動にとどまりラッシュ時でさえ特に混乱はないし、人間ならば車両への乗降だけでなく駅構内やホームでの移動の支援にも対応できる。やはり「人間」が最も頼りになるのである。これは将来、進化したＡＩを搭載したロボットで代替できるだろうか。おそらくそうはならないであろう。

また大都市の鉄道では自動改札機が普及しているが、運転見合せなどのトラブルが毎日のように発生している。ＩＣカード定期券は振替輸送に対応できない（自動改札を通ると、振替ルートなのか意図的な乗り越しなのか識別できず料金を引き落とされてしまうため）ので、駅員がいる有人改札へ回ることになる。それは単にカードの読み取りができないからという技術的な理由のみではない。多くの人が同時に乗り換え等に関して駅員とのコミュニケーションで情報を得ている。システムというものは必ず異常時にどうするかを考えておかなければならない。「自動化すれば人がいらない」というのは幻想である。

二〇一八年一二月〜二〇一九年三月にかけて、ＪＲ前橋駅〜上毛線中央前橋駅の約一㎞の前橋市委託路線で営業路線での自動運転バスの実験が行われた。[注45] シャトル運行で途中停留所での乗降はない。実験は「レベル２」で乗務員が乗車しているが、将来的には「レベル４」を目指すとしている。実験は予定通り行われたが課題も指摘されている。道路工事や複雑な交通環境に対応するための路車間通信の整備、周囲を走行する車両等との速度差については他の車両や歩行者の理解を得る対策、無人を想定した車内での案内や安全確保措置等が指摘されている。むしろ、自動運転を一般的に拡大してゆくにはかなりハードルが高いことが明らかになったのではないだろうか。

「他の車両や歩行者の理解」については、自動運転バスが混在するために他の車や歩行者に注意を求めるのでは本末転倒であり、広い理解を求められるとは思えない。しかも現在は例外的に自動運転バスが走行しているだけだから協力を求めることが可能としても、自動運転バスが増えてきたら、どのバスが自動運転なのかを他の車や歩行者が識別して対応しなければならないようでは余計な混乱を招く。

また工事その他の非定常的な道路状況を自動運転バス側に知らせる発信器等を設置することは技術的には容易であるが、自動運転バスの運行範囲が広がってきたら、工事その他の状況が変化する度に発信器等の設置を管理することは難しい。道路工事・電気工事・上下水道の工事など路上にコーンを置いて歩行者用の仮通路を設定する等の作業が毎日のように行われる。何か変化があるたびに初回はドライバーが乗車して確認運行をする必要があるだろう。「人がいらない」という条件は幻想である。

自動化レベルが高くなると、何らかの制約で免許を取得できない人も車を利用できると期待される。たとえば視覚障害者でも他人の介助なしに車を利用できるかもしれない。声で行き先を指示すれば自動運転で好きな所へ行けるようになる。しかしそこまで実現するには途方もなく多くのハードルがある。たとえば出発地側はまだいいとして、目的地側はその「付近」までは行けるかもしれないが駐車はどうなるだろうか。駐車場にも自動運転に対応した何らかのシステム（空き場所の情報やそこまでの誘導）が必要となるし、最終の用務先まで遠い駐車場に誘導されてしまったらその先はどうするのかなど、自動運転以外の部分での課題が多い。前述のとおり「レベル４」までは自動運転で対処できなくなった場合に人間の介入が求められること、あるいは使用可能エリアに限定があることから、通常の車の運転ができないレベルで身体機能に制約がある人が、自動運転車を使用することは簡単ではないであろう。

障害者に限らず、車に乗ると、徒歩や自転車ではとうてい到達できない距離・場所に移動できる一方でトラブルに遭遇した時の危険性は大きくなる。これは自動運転か否かを問わず車にかかわる本質的な問題として指摘されている。

田中公雄は、東京から車で富山県の黒部に旅行した家族が豪雨による増水に巻き込まれて立ち往生し、救助隊が出動する結果を招いた事例を挙げている。注46 もとより気象による通行規制が現在より甘かったなど複合的な要因はあるが、車が鉄とガラスで囲まれた密室であるために周囲の状況に無頓着となり判断を誤ったのではないかと指摘されている。自動運転になると人間が運転に関与しないため、ますます外界との隔絶が強まる。気づいたら「自動的」に引き返し困難な状況に陥っていたという事態が起きるのではないだろうか。

東日本大震災の際に、多くの人が車で避難しようとして渋滞が発生し、そのまま津波に呑まれた事例が報告されている。東日本大震災における各種の交通問題はすでに指摘されているとおりである。東京都区内では激しい渋滞によるグリッドロック（ある交差点で発生した渋滞の後尾が手前の交差点まで達し、これが前後左右のあらゆる区間で発生するため広域にわたって車が動けなくなる状態）が発生した。このような状態になると自動運転では対応できない。また東北で実際に津波に遭った地域では、車で避難しようとした人々が渋滞に巻き込まれ車列ごと流されたことが報告されている。このような事態に際しては自動運転の活用は考えにくい。むしろ日頃車を使わない、あるいは運転資格（能力）のない人が、自動運転に頼って車で避難しようとすれば逆に大きな危険に巻き込まれるおそれがある。状況によっては電柱の倒壊・落石・倒木などが発生するが、自動運転でこのような状況に対応できるとは思われない。

　福島原発事故に際して車で避難した人の体験談では地震で亀裂の生じた山道を無理やり走行した箇所もあるという。緊急事態では多少の支障物を押しのけて走らせるなどの対応も必要になるだろう。「レベル5」になり法令上も操作上も人間を運転から解放するとすれば、自動・手動の切り替えや車内からの運転装置を撤去することが必要になる。しかし自然災害が多い日本の状況を考えるとそれでよいのだろうか。もちろんこのような状況がありうる地域には自動運転車を導入しない選択が考えられる。すると自動運転車が利用できる場所は高速道路（自動車専用道路）などごく限定され、「自動運転車が社会を変える」などというお題目はおよそ羊頭狗肉と言わざるをえない。

　豊浜トンネル崩落事故（一九九六年二月・北海道古平町）[注47]で圧壊した路線バスに乗っていた被害者の中には、ふだんは車を利用しているが雪が激しく運転が不安なので路線バスを選んだという人がいた。また国鉄の分割民営化（一九八七年）の前後に北海道の多数の鉄道路線が廃止された後の沿線住民の生活調査によると、吹雪が予想される時に車で出かけるにはトラブルに備えて同乗者を募って出かけなければ不安であるとのコメントが記録されている。鉄道やバスであれば少なくとも乗務員がいるから一人での外出にも安心であるという。[注48]北海道では高齢者でなくとも平野部の単路で暴風雪により車が立往生して遭難死した事例[注49]がある。公共交通は「乗務員がいる」ことに価値があり「無人＝経費節減」という発想は地域の実情に合わない。またこのような地域では、かりに技術的には「レベル4」まで実現したとしても、メーカーは責任を怖れて適用条件外（ＯＤＤ外）とするであろうから、路線バスに自動運転を適用する余地は乏しい。需要が少ない場合にはデマンド交通（タクシー車両等を利用し、予約があった時のみ運行する等の方式）が考えられるが、導入しても結局は使いにくく在来型（固定ルート・定時運行）に戻ってしまった事例もみられる。[注50]

筆者が熊本県南阿蘇村で聞いた話では、地域内では車を常用しているが、交通量の多い熊本市内では怖くて運転できないので、市内に用事がある場合は鉄道を利用するという（注・現時点では二〇一六年四月の熊本地震で同地域周辺のＪＲ豊肥本線は被災したまま運休中）。

名古屋大学では「ゆっくり自動運転」[注51]のプロジェクトを実施している。時速二〇㎞以下の低速車両を使用した自律走行の公道試験（一般車混在）を行っている。一応実験の設定に対してはクリアしているが、使用範囲は限定的である。使用可能エリアであっても積雪・凍結等への対応は困難であろう。集落内で数㎞以内の移動であれば、異常時（システムエラー・電池切れ・その他トラブル）の救援や気象状況により外出を控える等の対応は可能かもしれない。しかし時速二〇㎞以下では、交通量の多い幹線道路や市街地での一般車との混在走行は難しい。この速度制限は、実験だから慎重を期しているというよりも、他の車や歩行者・自転車に対する安全上からも実用上の限界ではないか。また車内の搭乗者についても、特に高齢者を対象に考えるならば、時速二〇㎞を超えた速度では、たとえば障害物を検知して不意に急停止する際などにはシートベルトを着用していたとしても身体的・心理的ショックによる二次被害の可能性は無視できないだろう。

図4―12　宅配便の取扱い個数の増加

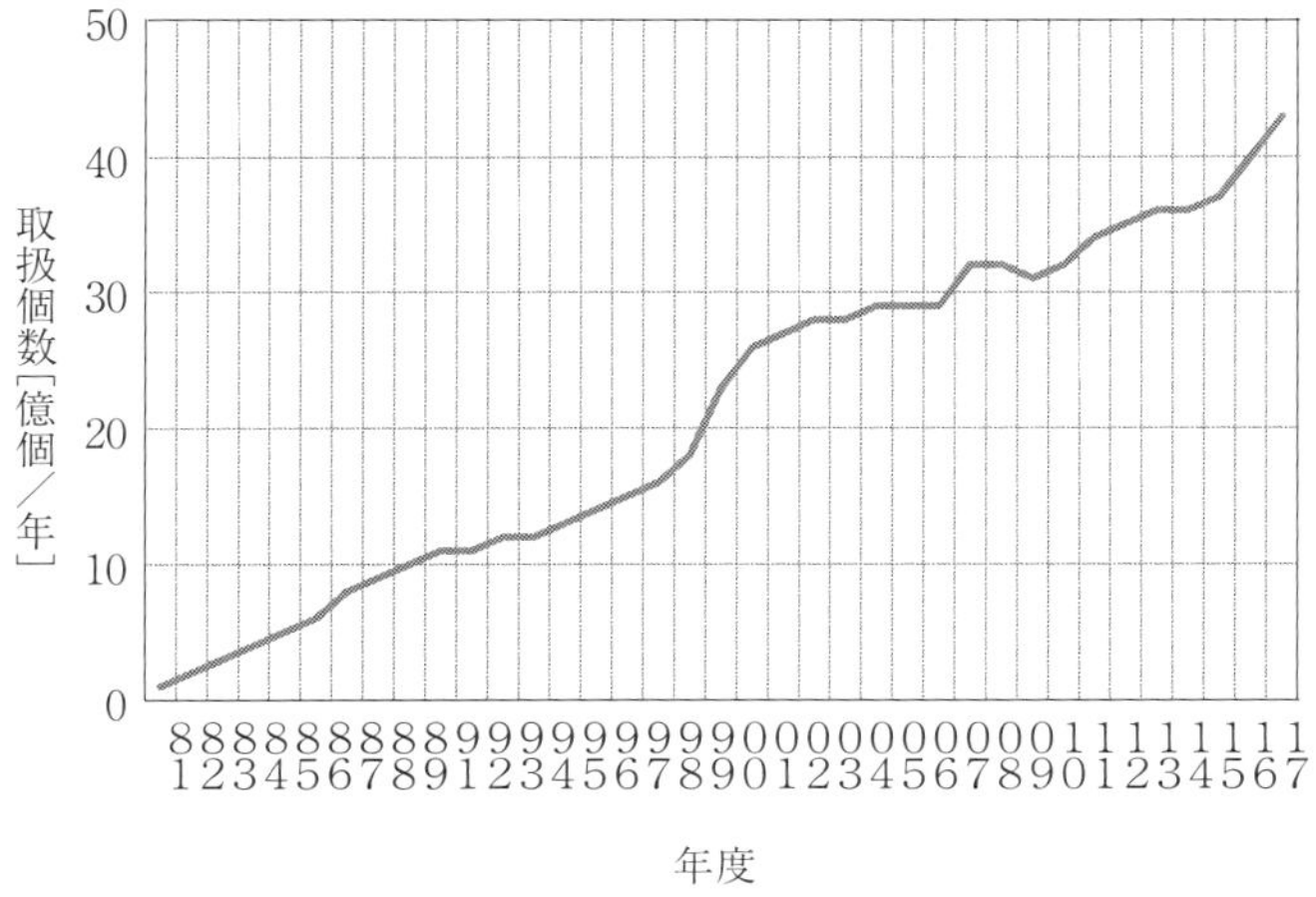

物流と自動運転

本書では全体として自動運転に対して楽観的な見方は禁物であることを指摘している。しかし、その中でも物流に関しては自動運転の適用可能性がある。図4―12に宅配便の取り扱い個数の増加を示す。[注52] 一九八〇年に宅配便のサービスが本格的に提供されるようになってから、その取り扱い個数は飛躍的な増加を示している。近年はリヤカー（自転車牽引）や手押しカートも併用されているが、文字どおり宅配便として極端な場合は封筒一つを届けるにも戸口へ、あるいは戸口からの輸送が発生する。

宅配便を例にとると、第一段階の集荷でユーザーが預けた荷物はまず営業所に集められ、第二段階で営業所から拠点センターに運ばれ、第三段階で長距離トラック（高速道路など）に積みかえられる。目的地での配送は逆の三→二→一の順序になる。いま宅配便事業者や日本郵便で無人走行の実験が行われているのは第一段階である。宅配便の配送車のように末端集配送が主となる小型貨物車の走行状況は乗用車とよく似ており、地域内でほとんどが完結する。

この分野での自動運転の実験は既に始まっているが、走行速度は一〇km／時前後に抑えられている。これは実験だから特に慎重にしているのではなく、生活道路にも入らざるをえない配送車では実用段階でもこれが限度であろう。第三章で指摘したように交通事故の被害を重大化させる主要因は速度である。人の移動でこの速度では実用性が乏しいが、戸口集配では低速でもユーザーには直接関係がない。この点から、速度を抑えた条件での物流における末端の配送には自動運転の適用可能性がある。

物流に自動運転が求められる背景として、そのサービスの提供に従事する人々の生活の質に及ぼす影響が問題となっている。図4―13は、こうした宅配便を配達するドライバーの勤務実態である。研究者が宅配ドライバーに同行して生活と勤務の時間サイクルを調査した例[注53]である。若干古いデータであるがその後の類似調査がなく貴重な資料なので改めて紹介する。毎日五時前後の起床から、出勤して帰宅するまで一三～一四時間の拘束時間があり、睡眠時間も時として五時間を切るなどの実態が記録されている。

届け先が不在であると、通常の勤務者が帰宅する時間帯になってから再配達の作業が始まる。落ち着いた環境で食事がとれない（休憩とは労働から離れることが保障されなければならないとされる）[注54]こと、さらに再配達の作業に対しても手当てそのほか何の保証もされないなど、過重な勤務状況が示されている。こうした労働環境は、一瞬の集中力の途切れによって、自他の命にかかわる事故につながる運転を伴う作業だけに問題が大きい。前述の調査では中元・歳暮などが集中する繁忙期には、月間の休日数がゼロあるいは一〜二日という実態が記録されている。なお最近の実態は参考資料を参照していただきたい。[注55] こうしたドライバーの負担は、自動運転の適用によりあるていど解消される可能性はあ

図4—13　宅配便ドライバーの勤務実態

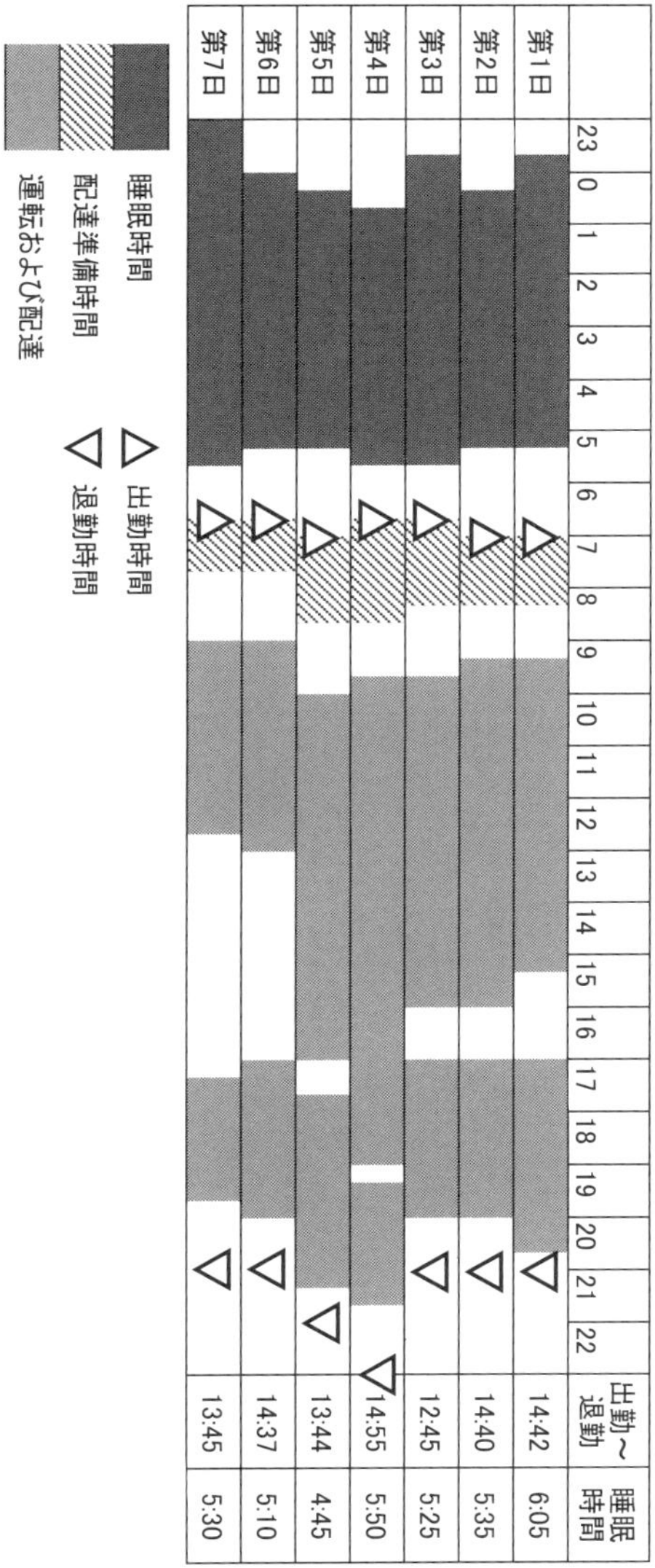

川村雅則「不安定就業者としての貨物軽自動車運送事業者」『交通権学会 2002年度研究大会』発表要旨より, 2002-7-27

る。ただし本質的には人の介在が避けられない分野であり、コストと利便性の追求が現場の労働者にしわ寄せされている構造的な問題として考えなければならないであろう。

自動運転との関連ではヤマト運輸（株）による「ロボネコヤマト」の実験が行われている。[注56] ただし実験は、無人運転とともに「動く宅配ロッカー」としての機能がどこまで利用者に受容されるかの検証が重点となっている。実験はドライバーの添乗あり、なしに分かれている。重要な点として自動（無人）運転の場合には速度を時速五〜一〇kmに制限している。またロボネコヤマトのシステムは受取人のほうが時間を指定して待っている（あるいはすぐに取りに来る）ことが前提であるが、無人配送車が増加してきた場合に短時間といえども路上に配送車が停止して待つことがどこまで許容されるかの課題もある。また日本郵便は二〇一八年三月に、東京都内の郵便局構内で自動運転車を使った輸送実験を公開した。実験は「レベル４」で行われ、構内約一・五kmのコースを最大時速二〇kmで走行した。カメラやセンサーで駐車車両や障害物を検知しながら、車線変更や右折、横断歩道前の一時停止などが確認できたとしている。またドライバーが同乗する「レベル３」の公道実験も同時に行った。[注57]

また自動運転ではないが、日本郵便も集配用の軽自動車一二〇〇台をＥＶに切り替え東京近郊の交通量の多い地域で「ゆうパック」の配達に使用すると発表した。[注58] ヤマトホールディングスはドイツポストＤＨＬグループと宅配便の配送に使用するＥＶを共同開発し首都圏で五〇〇台を導入すると発表した。車体は冷蔵・冷凍庫の設置や、女性でも荷物の出し入れが容易な形状とし人手不足の解消も目的とする。[注59] ＥＶの静音性を生かし、夕方以降に住宅街の配達で使うことを想定している。首都圏の営業所約一〇〇カ所に充電拠点を設ける。今後は現在約四万台ある中型トラック以上の集配車も積極的

図4—14　自動車OD調査の貨物車トリップ分布

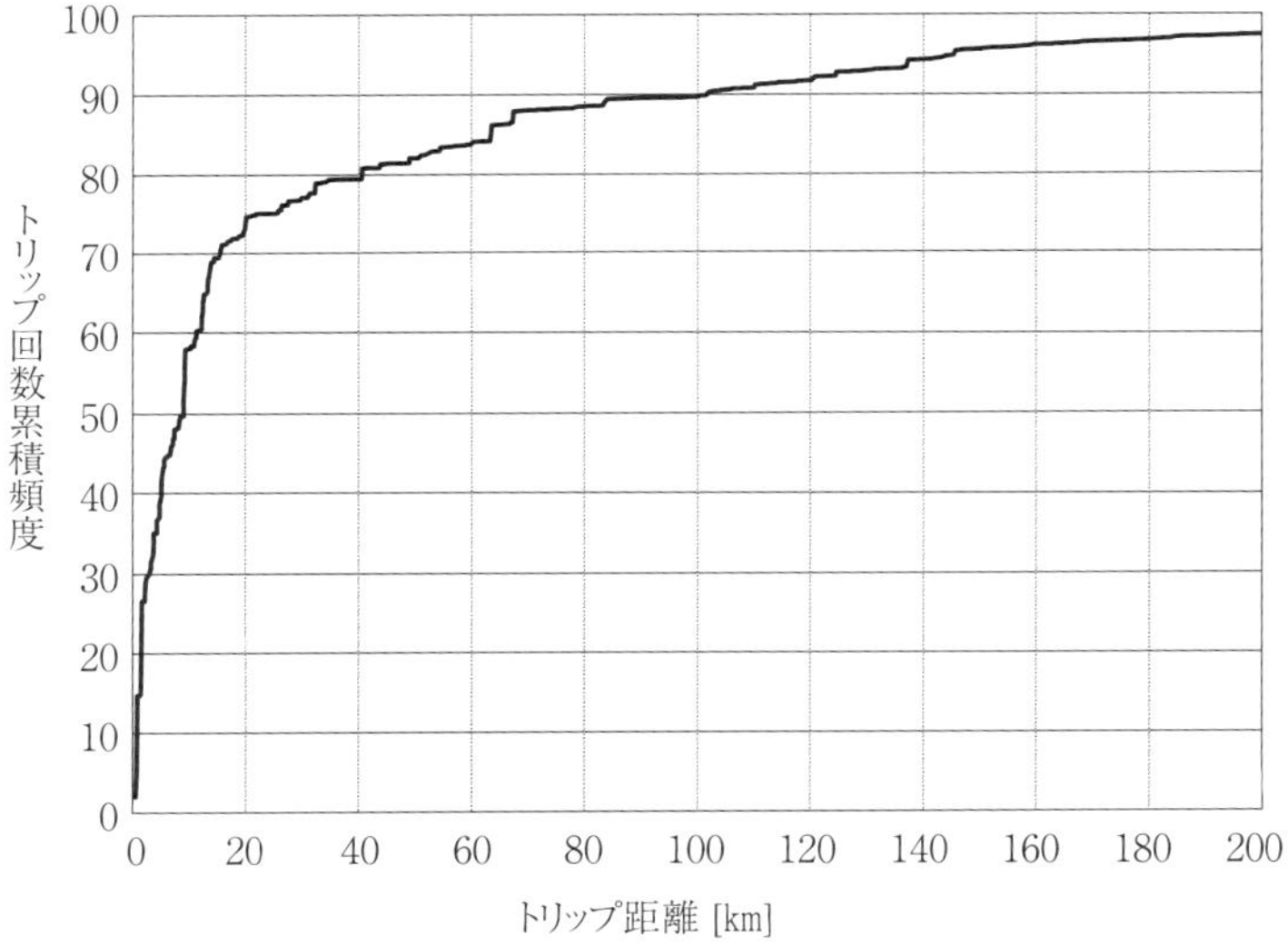

にEVに切り替えるとしている。

物流におけるもう一つの適用可能性は普通貨物車（いわゆる大型トラック）である。前述の自動車OD調査によると、普通貨物車（いわゆる大型トラック）のトリップ距離分布は乗用車と大きく異なる。図4—14は例として日立製作所関連企業・工業団地・常陸那珂港等が立地する茨城県ひたちなか市（市街地を除く）の大型貨物車の分布である。乗用車では二〇km前後でトリップ距離の分布の累積が九〇%を超えるが、大型貨物車では九〇%を超えるのは一〇〇km以上である。なおこのエリア発の最長トリップ距離は六〇〇kmであった。

長距離トラックに関しては、現在でもフェリーでトレーラー（荷台）部分のみを航送[注60]し、海上部分ではドライバーが同行しなくてもよい方式が実施されている。これをさらに発展させて隊列走行の方式がある。主として高速道路や幹線道路で、数台のトラックが隊列を組んで走らせる技術である。鉄道の貨車のように連結器で機械的に結合することはできないので、自動制御を用いて先行車と続行車の車間距離を最小限に保ちながら複数の車両を連ねて走行させる。

隊列走行は自動運転の中でも早い段階から開発された技術のためおおむね実用段階にあり、無人走行ではなく先頭車は職業ドライバーが運転するので異常時の対応も可能と考えられる。一方で課題としては、隊列を解散してからは個々の車両にドライバーが乗車しなければならないこと、ドライバーの作業負担の中で多くを占める荷役の負担は解消できないこと等である。また隊列の集合・解散のために専用のスペース（駐車場）が必要となり、どこにどの程度のスペースを設ければ効率的に隊列走行が運用できるのか検討の必要がある。

自動運転車と格差

図4―15は車種別の自動車販売台数の経年変化[注61]であるが、年を追って普通乗用車（いわゆる「3ナンバー」で上級車種）と軽自動車が増加する一方で、小型乗用車（「大衆車」「コンパクトカー」等と通称される車種）の比率が低下して二極化の傾向が進展している。これは社会全体の格差進展を反映した結果とも考えられるが、もう一つの大きな要因は高齢化である。二〇〇〇年以降の乗用車保有動向を分析すると、子どもと同居しない高齢者世帯において軽自動車の買い足しが増加するとともに短距離・高頻度の走行が増加している。[注62]いわば従来の車の概念よりも、電動車いすに近い位置づけに変化して

図４—15　乗用車の種類別販売台数

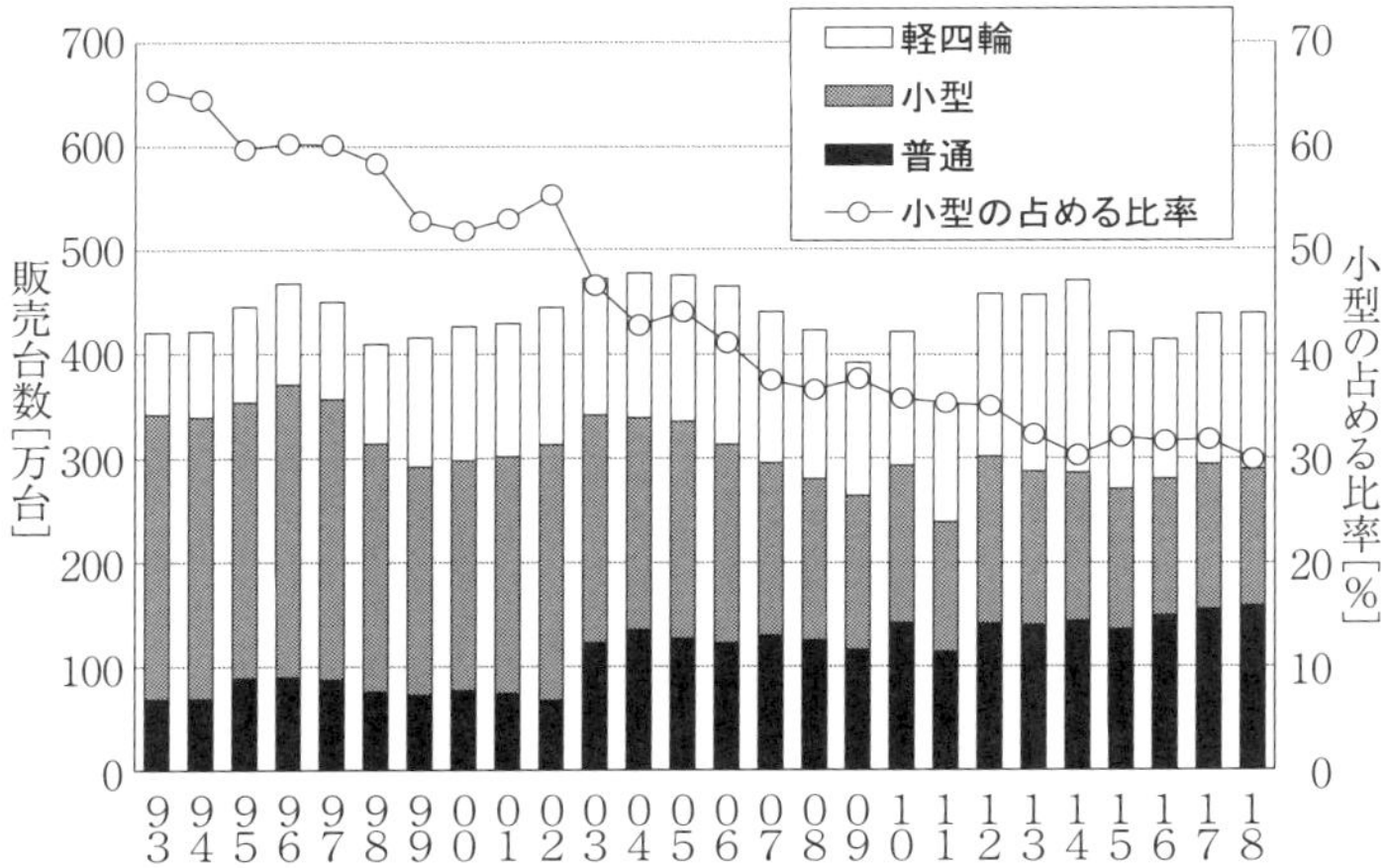

図４—16　世帯の年収と車保有率・ガソリン代支出額

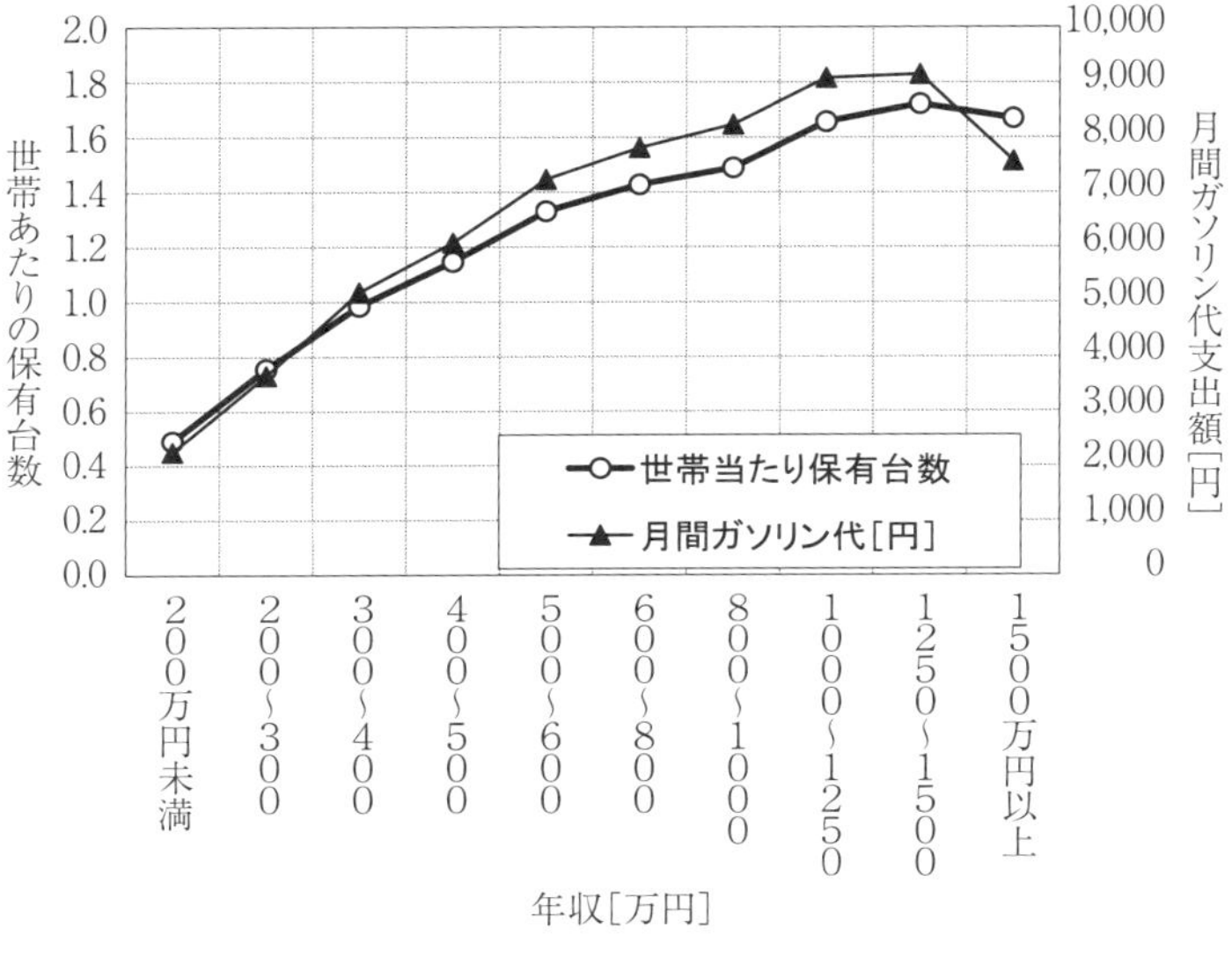

きた傾向がみられる。自動車メーカーは若年層の人口減少や所得低下による自動車販売台数減少の下で、販売台数を維持するために富裕層を対象とした複数保有を期待している[注63]。現時点での推計によれば自動運転機能を付加するためのオプション価格は少なくて数十万円から多くて百数十万円と試算されている[注64]。上級車種に限って自動運転システムがオプションで提供される状況になれば、所得の少ない人々は安全面でも格差が生じることになる。

かりに日本国内だけを考えても、すべての車を一斉かつ強制的に自動運転車に置きかえることは考えられない。自動運転車の普及台数が増えるにつれて価格は下がるであろうが、少なくとも普及当初は在来車より高価格になることは避けられない。いわゆる新しいもの好き・メカ好きの「イノベータ層」（革新者）あるいは「アーリー・アダプター層」（初期採用者）から自動運転車の普及が始まる。在来車より高価格であるためこの層は経済的に余裕があるユーザーでもある。新製品の普及にはどうしてもこの過程が必要であるが、自動運転車は交通における経済・社会的格差を助長する可能性がある。

また図4―16は「全国消費実態調査」から年収階級別の自動車保有率と月間ガソリン代支出額を比較したものである。前述のように地域の交通状況によっては生活保護受給世帯でも車を必要とするほどであるから、年収が低くても「動けばいい」というレベルの車を保有・運転する（せざるをえない）世帯が存在する。そのような車に自動運転の機能がオプションで装備されるとは考えにくい。なお車関連の支出が消費支出に占める比率は、年収階級が上でもあまり変化がなく、むしろ第五分位（年収階級が最も高い層）で若干ではあるが低下する傾向もみられる。これは「エンゲル係数」すなわち生活必需的な食費が支出に占める比率が高収入層ほど低下する傾向と似ており、車の使用が社会的に必需あるいは強制されていることを示すものではないか。

国際的な不公平

自動運転は世界的にはどのような影響を及ぼすだろうか。これを検討するために、まず世界的に車がどのように保有されているかを検討する。[注65] 乗用車保有台数では中国が二〇一四年に米国を抜いて世界一になった。世界合計では約九億七〇〇〇万台である。ただしこの他に自動車統計のない国がある。地球人口は約七三億とされているが、自動車統計のない国の人口合計は約七億三〇〇〇万人である。これらの国々でもある程度の車は使用されているであろうが、それらの国の多くの人々はモータリゼーションとは無縁の生活を営んでいると考えられる。糸川英夫は一九八〇年代に「未来学者

図4—17　1人あたり乗用車保有状況格差

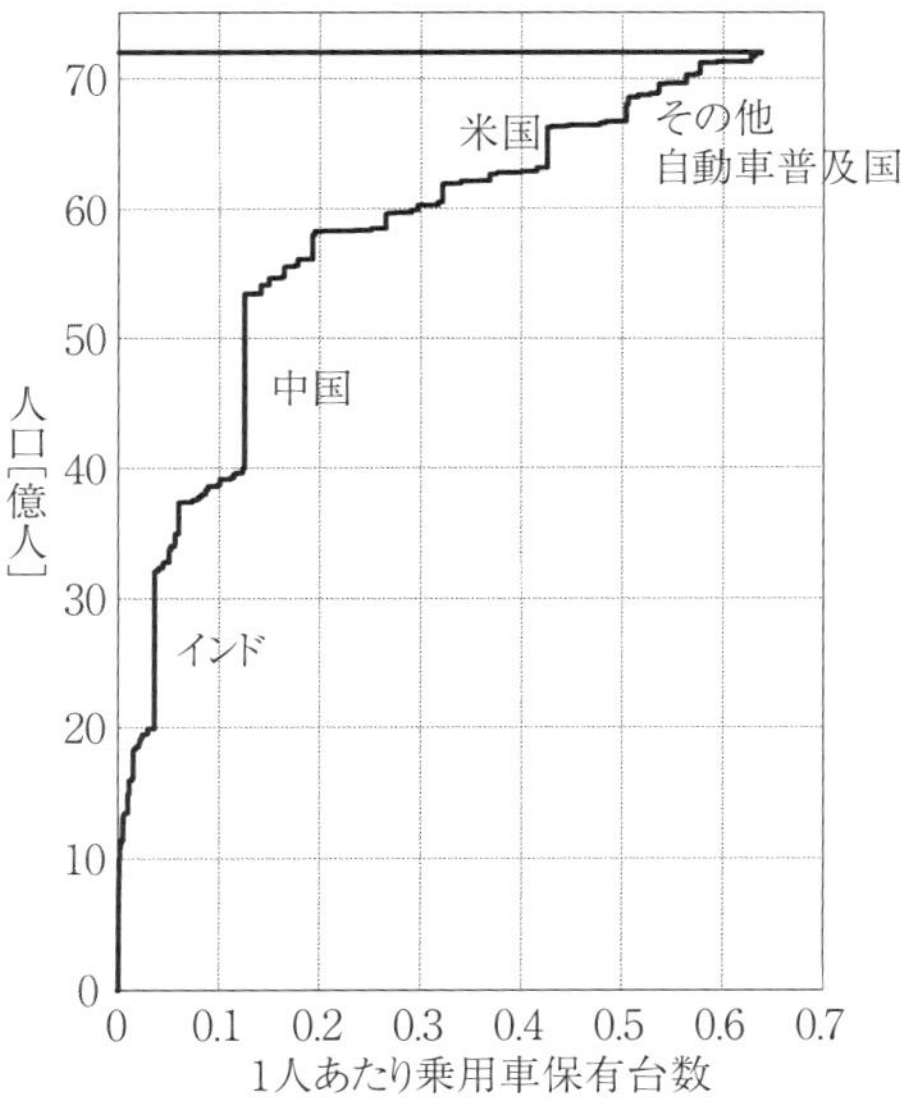

はバラ色の未来を描く。それはかつては、モータリゼーション到来の夢であり、今はコンピュータと通信技術がドッキングする社会の到来の夢である。しかし、それらの夢は地球上の人口の二〇パーセントにも満たない富裕な先進国の夢にすぎない」[注66]と述べている。この予想は現実となっている。

国別の車保有台数は統計から容易に知られるが、各国の人々が車の恩恵をどれだけ享受しているかはまた別の観点が必要である。図4—17は、地球上の人間のうちどのくらいの人数が、一人あたり何台の車(乗用車)を保有しているの分布状況を示している。これは世界中の金融資産の大半を少数の人が所有している関係を示す「富のワイングラス」の図に似た形である。特徴的な部分がみられるのは人口が多いインド・中国・北米などであり、インドは一二億一〇〇〇万人の国民が一人あたり〇・〇三台、中国は一三億四〇〇〇万人が同〇・一二台、米国は三億〇九〇〇万人が同〇・四〇台を保有している。中国は人口が多いので一人あたりではまだ低いレベルにある。この線と縦軸で囲まれた図形の面積が地球上の自動車の総台数に相当する。図形を一見してわかるように、地球上に九億七〇〇〇万台の乗用車が存在していてもその分布は偏っている。現在でもモータリゼーションの恩恵を享受できるのは人類のうち二～三割の人々である。なお筆者は一九九六年にも同じ検討をしているが、米国の国民一人あたり車保有台数は当時より低下し旧東欧のいくつかの国にさえ抜かれている。米国内での経済格差が原因である可能性が考えられるが、乗用車保有台数が中国に抜かれたことと併せ、世界一の自動車大国であった米国の凋落が始まっている印象を受ける。

一方で、いま車の普及率が低い国々の五〇～六〇億人の人々が、普及率が高い国々と同じように車を持つことが望ましいだろうか。先進国の人々が途上国の人々に向かって「これ以上車を持つな」と要求することは倫理的には正当ではないかもしれない。しかしこれらの人々が一人あたり先進国なみに車を所有したら、いかに「エコカー」を使用しても地球上のエネルギーと資源の負荷は耐えがたい量に達するのではないだろうか。「世界一貧しい大統領」として知られたホセ・ムヒカ元ウルグアイ大統領は「国連持続可能な開発会議」（二〇一二年六月）におけるスピーチで「もしドイツ人がひと家族ごとに持っているほどの車をインド人もまた持つとすれば、この地球はどうなってしまうのか？」と指摘している。

図4—18　インターネット普及率

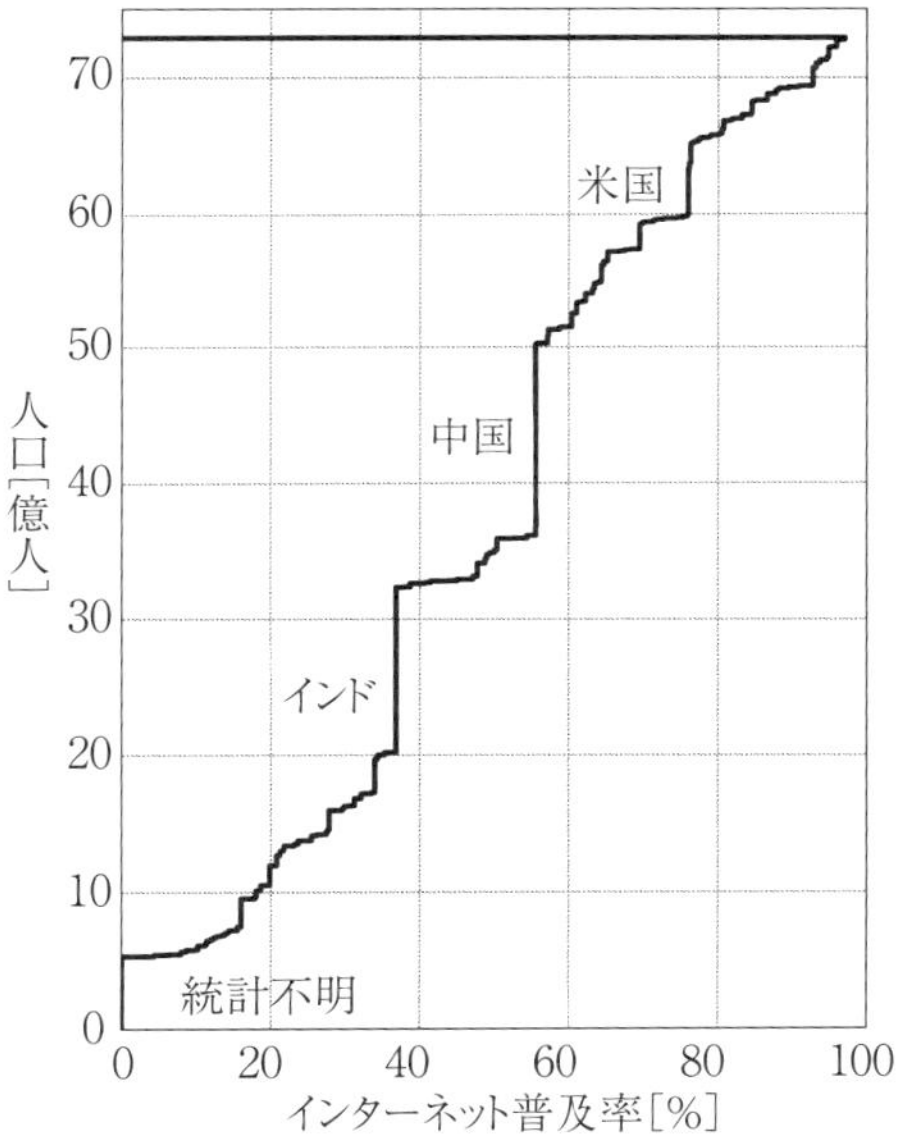

自動運転がこのような国際的なモビリティの不公平を解消するとは思われない。そもそも車を所有していないのであれば自動運転には関係がない。また一般に途上国とされる国々における車の使い方を想像すれば、外国から中古車を輸入し、現地で応急修理を重ねながら使用するような状態である。このような状況で自動運転が途上国に普及する可能性はかなり低いと考えざるをえない。自動車普及国の中であっても自動運転のメリットを享受できるの

は経済的強者にかぎられるとともに、歩行者・自転車などの道路交通弱者（VRU・Valunerable Road Users、付表参照）にはメリットがない。

車に関する調査・研究の際に常に感じるのは、全体として生産・販売・輸出入にかかわるデータは充実している一方で、保有に関する統計が乏しい。保有にしてもマーケティングに関するデータが主である。まして使用（走行）や事故に関するデータとなると、自動車業界の一般的な資料ではほとんど関心を払われていない。ともかく作って売ればいい、後はどうなろうと使う側の問題だという姿勢が如実に反映されている。自動運転もその発想の延長上にあるとすれば、車にかかわる本質的な問題が解決されることはないだろう。人々は自動運転車が欲しいのか、移動の自由が欲しいのかをよく考えなければならない。

また自動運転の機能にはインターネット等の大量・高速データ通信機能が不可欠である。図4―17と同様に世界のインターネット普及率と人口の関係を図4―18に示す。[注67] 車ほどではないが同様に格差がみられる。ただし車よりも格差が緩和されている理由は、通信インフラの整備が遅れている国（地域）では、従来の電話回線を必要とする通信サービスに代えて無線による通信サービスが利用可能となっていることによると思われる。それでも世界の人口の半分はインターネットにアクセスできない現状がある。

注

注1　下野新聞子どもの希望取材班『貧困の中の子ども　希望って何ですか』二〇一五年三月、一一二頁

注2　平田広志「車使用による生活保護廃止処分取り消しを命じた福岡地裁判決」『住民と自治』一九九八年八月。
注3　日本弁護士連合会「生活保護における生活用品としての自動車保有に関する意見書」二〇一〇年六月
https://www.nichibenren.or.jp/activity/document/opinion/year/2010/100506.html
注4　平成一〇年度東京都市圏パーソントリップ調査より筆者作成
注5　国土交通省「国土数値情報ダウンロードサービス」http://nlftp.mlit.go.jp/ksj/index.html
総務省「地図でみる統計（統計GIS）」http://e-stat.go.jp/SG2/eStatGIS/page/download.html
経済産業省「商業統計メッシュデータ」http://www.meti.go.jp/statistics/tyo/syougyo/mesh/download.html等より整理
注6　個人ウェブサイト「東日本大震災後の福島市民生活」。http://abej.sakura.ne.jp/ErdB.htm
注7　NHKウェブサイト「道の駅を防災拠点に（くらし☆解説）」二〇一九年三月八日。https://www.nhk.or.jp/kaisetsu-blog/700/315792.html
注8　日産「リーフ」公式サイト。https://www3.nissan.co.jp/vehicles/new/leaf.html
注9　例としてプロパイロットパーキング自動後退駐車デモ。https://www.youtube.com/watch?v=P82qcWmkvL4
注10　『日本経済新聞』（朝刊）二〇〇〇年六月一九日
注11　総務省「過疎地域市町村等一覧」。http://www.soumu.go.jp/main_content/000476767.pdf
注12　国土交通省「国土のグランドデザイン２０５０」より。http://www.mlit.go.jp/kokudoseisaku/kokudoseisaku_tk3_000044.html
注13　北海道旅客鉄道「当社単独では維持することが困難な線区について」二〇一六年一一月一八日、https://www.jrhokkaido.co.jp/pdf/161215-4.pdf
北海道旅客鉄道「平成二六年度線区別の収支状況について」二〇一六年二月一〇日、http://web.archive.org/web/20160210105033/http://www.jrhokkaido.co.jp/press/2016/160210-1.pdf
注14　「一般交通量調査集計表」。http://www.mlit.go.jp/road/census/h27/index.html
注15　「外環を考えるデータ集」。http://p-report.jpn.org/g41_dataup04.html

注16　国土交通省「パーソントリップ調査」http://www.mlit.go.jp/toshi/tosiko/toshi_tosiko_tk_000031.html
注17　東京都市圏交通計画協議会「基礎集計項目の提供」。https://www.tokyo-pt.jp/data/01_02
注18　中京都市圏総合都市交通計画協議会「パーソントリップ調査データの提供」。http://www.cbr.mlit.go.jp/kikaku/chukyo-pt/offer/pt_5th/index.html
注19　京阪神都市圏交通計画協議会「平成二二年第五回近畿圏パーソントリップ調査の結果について」。https://www.kkr.mlit.go.jp/ＰＬan/pt/data/pt_h22/index.html
注20　福井県「第三回福井都市圏パーソントリップ調査（平成一七年）の地区別およびテーマ別集計結果」。http://www.pref.fukui.lg.jp/doc/toukei-jouhou/opendata/list_2.html
注21　http://www.mlit.go.jp/k-toukei/22/annual/index.pdf
注22　（公財）交通エコロジー・モビリティ財団「カーシェアリング」。http://www.ecomo.or.jp/environment/carshare/carshare_top.html
注23　「タイムズカープラス」。https://ＰＬus.timescar.jp/
注24　「オリックスカーシェア」。https://www.orix-carshare.com/
注25　「ロボタクシー、テスラも開発に名乗り」『日本経済新聞』二〇一九年四月二三日。https://project.nikkeibp.co.jp/mirakoto/atcl/buzzword/h_vol30/
注26　https://www.blablacar.com/
注27　https://notteco.jp/
注28　https://boxil.jp/mag/a3615/
注29　官邸政策会議ウェブ「第8回シェアリングエコノミー検討会議」配布資料。https://www.kantei.go.jp/jp/singi/it2/senmon_bunka/shiearingu/dai8/shiryou8-7.pdf
注30　『日経』二〇一九年三月八日。https://www.nikkei.com/article/DGKKZO42162570X00C19A3MM8000/
注31　「未来投資会議」。http://www.kantei.go.jp/jp/singi/keizaisaisei/miraitoshikaigi/

注32　辻健太郎・辻大樹・石橋博孝・平井義博・中村隆之「自動運転バスによる中山間地域における実証実験の取組について」第58回土木計画学研究発表会・講演集CD─ROM、二〇一八年一一月
注33　全国シニアカーネットウェブサイト。https://www.seniorcar.net/
注34　セグウェイジャパン（株）。http://segway-japan.co.jp/　なおセグウェイには複数のイミテーションブランドがあることが警告されている。
注35　http://www.ninebot.jp/
注36　個人ウェブサイト「北摂バリアフリー調査隊」。http://reserch.blog.jp/archives/1413914.html
注37　「超小型モビリティ導入に向けたガイドライン」二〇一二年六月。http://www.mlit.go.jp/common/000212867.pdf
注38　老沼志朗「ＩＣＴがもたらす鉄道の未来２景」『ＪＲガゼット』二〇一六年一一月号、五四頁
注39　警察庁「技術開発の方向性に即した自動運転の段階的実現に向けた調査検討委員会報告書」二〇一八年三月 https://www.npa.go.jp/bureau/traffic/council/jidounten/2017houkokusyo.pdf
注40　アーサー・ディ・リトル・ジャパン『モビリティー進化論』日経ＢＰ社、二〇一八年、四七頁
注41　立入勝義「上場目前の『ウーバー』、運転したら一体いくら稼げるか？」『マネー現代（Ｗｅｂ版）』二〇一九年三月二九日　https://gendai.ismedia.jp/articles/-/63625
注42　林哲史「自動運転はタクシー業界の救世主　日の丸交通の危機感」『未来コトハジメ』（日経ビジネス）二〇一九年四月一九日
注43　中野公彦「沖縄本島・石垣島での自動運転バス実証実験」『国際交通安全学会誌』四三巻二号、二〇一八年、一一四頁
注44　（社）日本バス協会「日本のバス事業と日本バス協会の概要」二〇一七年一一月。http://www.bus.or.jp/about/pdf/h29_nba_brochure.pdf
注45　前橋市「全国初！営業路線での自動運転バスの実証実験」。http://www.mlit.go.jp/sogoseisaku/soukou/soukou-magazine/1903maebashi.pdf

注46 『車を捨てた人たち　自動車文明を考える』日経新書№二六八、日本経済新聞社、一九七七年、三八頁
注47 一九九六年二月一〇日、北海道余市郡余市町・古平町間の国道二二九号線豊浜トンネル内で落盤が発生して路線バスと乗用車が巻き込まれ二〇名が死亡した。
注48 金持伸子「特定地方交通線廃止後の沿線住民の生活（続）～北海道の場合」『交通権』一〇号、一九九二年、一一頁
注49 『日本経済新聞』「北海道の暴風雪、死者八人に　車立ち往生や凍死」ほか各社報道、二〇一三年三月三日
注50 坂本結佳・森本祥一「デマンド交通が適さない地域の分析」経営情報学会二〇一三年秋季全国研究発表大会
注51 名古屋大学未来社会創造機構。http://www.coi.nagoya-u.ac.jp/develop/center/slocal
注52 国土交通省ウェブサイト「平成二九年度宅配便取扱実績について」。http://www.mlit.go.jp/report/press/jidosha04_hh_000157.html
注53 川村雅則「軽貨物運送自営業者の就業・生活・安全衛生」『交通権』二〇号、八〇頁、二〇〇三年。
注54 厚生労働省ウェブサイト「労働時間・休憩・休日関係」。https://www.mhlw.go.jp/bunya/roudoukijun/roudoujouken02/jikan.html
注55 斎藤実『物流ビジネス最前線』光文社、二〇一六年、首藤若菜『物流危機は終わらない』岩波新書№一七五三、二〇一八年等
注56 https://wired.jp/2018/03/05/roboneko-yamato/, https://japanese.engadget.com/2018/04/24/roboneco/#/
注57 『時事通信』「日本郵便、完全無人車で輸送実験＝ドライバー不足に対応」。http://sp.m.jiji.com/generalnews/article/genre/economy/id/2176156
注58 二〇一九年三月二七日、各社報道
注59 「ヤマト、独ＤＨＬとＥＶ開発　女性宅配員らの負担減」『日本経済新聞（Ｗｅｂ版）』二〇一九年三月二五日
注60 （株）フェリーさんふらわあウェブサイト。https://www.ferry-sunflower.co.jp/corporate/cargo/multimodal/
注61 （一社）日本自動車工業会ウェブサイト　データベース。http://jamaserv.jama.or.jp/newdb/index.html

注62　日本交通政策研究会「自動車の保有と利用に関わる世帯単位の四時点分析」日交研シリーズA七二三、二〇一八年

注63　「理想の2台持ち、その実践と夢想」『エンジン』二〇一五年三月号

注64　アーサー・ディ・リトル・ジャパン『モビリティー進化論』日経BP社、二〇一八年、一四七頁

注65　（一社）日本自動車工業会『世界自動車統計年報』第一七巻、二〇一八年三月

注66　糸川英夫『第三の道』中公文庫、一九九四年、一八八頁（初出・CBSソニー出版、一九八二年）。知人の発言の引用として。

注67　International Telecommunication Union https://www.itu.int/en/ITU-D/Statistics/Pages/stat/default.aspx

第五章　経済とエネルギー

自動運転と自動車産業

自動運転車の導入に伴う既存自動車産業への影響は正負の両面が考えられる。自動運転車のベースがエンジン車であれば、車両に関するハードウェア部分の構成は大きく変わらず、これにＡＩなど情報処理・制御関係のコンポーネントが加わった車両として考えられる。自動運転のために車両側で付加的に必要なコンポーネントとしては表5―1の項目が挙げられている。ある試算によると自動運転機能を付加するオプション価格は、普及によるコスト低下をどう見込むかによっても異なるが数十万円～百数十万円ていどと試算されている。[注1] これは現在よりもビジネスの拡大になり産業全体にプラスの効果が考えられる。

一方で車両のベースがＥＶ（電気自動車）になると事情は大きく変わり、自動車産業の構成にも大きな影響がある。自動運転車はＥＶとの相性が良い。細かく微妙な制御を行うにはＥＶのほうがはるかに容易である。制御システムの判断・指示は電子的な情報として出力されるが、ＥＶならばこれを電気的な制御に置きかえやすい。これに対してガソリン（ディーゼル）車はそれを機械的な動きに置き換え、フィードバックする機械的アクチュエータやセンサーが必要となるので制御ステップと部品が多くなる。それはトラブルの確率が大きくなることでもある。したがって自動運転車の普及はＥＶの普及と並行して進展するであろう。

自動車は関連産業が多く、いわゆる「裾野が広い」が、中でもエンジンとトランスミッション（伝達

表５―１　自動運転車の追加的コスト項目（解説は巻末表参照）

ハードウェア	センサー	カメラ ミリ波レーダー 三次元ライダー ドライバーモニタリング
	プロセッサー	自動運転制御システム
ダイナミックマップ		
通信機器		携帯回線・専用狭域通信
セキュリティ対策費		Ｖ２Ｘ・ＯＴＡ等
開発費		ソフト開発・テスト
製品保証コスト		リコール対策費等

機構）こそが在来の自動車を構成する主要技術である。自動車技術は歴史的にも「車とはエンジンなり」といっても過言ではない。走行性能はエンジンによって決まり、燃費や排気ガス規制もエンジンに関連した技術であり、乗用車では税金も排気量と関連づけられている。

　エンジンを構成する部品は一〜三万点に対してＥＶのモーターの部品は制御部品を加えても一〇〇点程度である。関連産業に対しては一台あたり五〇万円程度の需要の消失に相当すると推定される。[注2]自動運転とは別に気候変動対策（CO_2削減）からもＥＶの普及が推進されているが、ＥＶの普及を妨げる要因は自動車産業の中にこそ存在するのではないか。ＥＶではエンジンもトランスミッションもいらないとなれば自動車産業の構造が激変する。したがって自動車関連産業はＥＶの大量普及、少なくとも短期間での普及を歓迎しないはずである。このため既存の自動車業界のマーケティングとしては全面的なＥＶシフトを指向するのではなく、エンジン車およびエンジンを併用するＨＶ（ハイブリッド）車の生産も維持すると思われる。また中型以上の貨物車のＥＶ化は困難なので、この分野でもエンジン車の生産は続くであろう。環境省は「二〇二〇年にＥＶ保

表5―2　乗用車製造の費用構成（産業連関表ベース）

項目	（億円）	項目	（億円）
繊維・木材・紙製品	1114	業務用品・業務用機械	5872
その他化学製品	112	電気・水・エネルギー等	3725
プラスチック・合成樹脂	1兆1431	その他業務用サービス	7924
塗料	938	ソフトウェア・情報サービス	762
タイヤ・チューブ	1446	参考	（億円）
その他ゴム製品	3184	企業内研究開発	1兆2490
ガラス	2459	広告	1388
鋼板・鋼材	17918	人件費・管理費	4兆0225
非鉄金属製品	8385	資本費用	1兆5416
ベアリング	1515	ＧＤＰ創出額	5兆2715
エンジン	3兆6347		
エンジン関係電装品	9426		
車体関係電装品	4563		
半導体・集積回路	2064		
触媒	1603		
電池	1060		

有台数が三八五万台」との見通しを示していたが、実際は二〇一八年度末で九万一三〇〇台[注3]に過ぎず到達の見込みはない。これは自動車業界が積極的にはＥＶの普及を推進していないことを如実に示している。

表5―2は現在の自動車産業のうち車（乗用車）部門が全体としてどのような原材料・資材・機材を購入しているか、言いかえれば乗用車製造の費用構成を産業連関表[注4]から抜粋した数値である。なおこのデータは産業連関分析としての集計であり、他の産業統計・業界統計や観点の異なる分析者の見解とは一致しない点もあると思うがご了解いただきたい。

表を検討すると、かりに全面的にＥＶに置き換わったとすれば、エンジンを三兆六三四七億円、エンジン関係電装品を九四二六億円、その他トランスミッション関係などを購入していた需要が消失するということである。一方で電池は、現在はＨＶ（ハイブリッド車）と少数のＥＶ・ＰＨＶ（プラグインハイブリッド車）用、およびアクセサリー的な装備用に一〇六〇億円を購入しているに過ぎないが、全面的にＥＶが普及すれば電池が大きな需要となる。また自動運転に関連して半導体・集積回路等の部分が大きくなる。

ＡＩに関する原価構成は予測しにくいが、ソフトの構築やデータ集積を企業内研究開発に割り当てれば、この部分もさらに大きくなる。自動運転の開発では、ハードウェア（物理的な機構）よりもソフトウェア（カメラやレーダーなどのセンサー、情報を処理・判断する人工知能等）の技術が中心となるだけに、従来の自動車メーカーよりもＩＴ系の企業がリードしている。既存の自動車メーカーは、自社開発するかＩＴ系の企業と提携するかの選択があるが、いまのところ各社の方針によりケース・バイ・ケースのようである。なお乗用車部門はＧＤＰ創出額は五兆二七一五億円であるが、日本全体のＧＤＰの四七七兆円に対しては一％程度である。

内需と輸出

一方で販売面についてはどうなるだろうか。産業連関表から乗用車部門の販売先別の販売額（ディーラーのマージン等を除いた出荷額に相当）を集計すると、一般ユーザー向けが四兆七六〇〇億円、公務部門向けが三三二億円、産業部門向けが一兆五六六五億円の合計六兆三五九七億円が内需にあたる。これに対して輸出は六兆二五八二億円である。近年「日本の技術は世界一」と自画自賛する言説が多いが、自動運転の普及による輸出への影響については、海外での自動運転や新しいモビリティサービスの導入予測は難しく、自動運転であるがゆえの障壁がある。
ハード面（センサー・プロセッサー・操作機構など）は輸出可能かもしれないが、ソフト面（ＡＩの深層学習）の輸出は簡単ではない。まず基本的な通行方式（右と左の逆）に始まり法令や規制が日本とは全く異なるし、交通法規や運転慣習、さらには人々の倫理観や価値観が海外とは大きく異なる日本でＡＩに深層学習させた自動運転車は「ガラケー」ならぬ「ガラカー」であり海外では使えない。交通状況がよほど単純ならソフト上で右と左を読みかえて対応できるかもしれないが、とうていそのようなレベルの問題ではない。

すなわち世界的に自動運転が普及すればするほど輸出の障壁は高まる。もし輸出相手の国内で自動運転車を販売したいならば、ＡＩの深層学習を相手国の中で行わなければならない。また当然ながら相手国における安全審査基準が設けられるであろうから、それをクリアすることが必要である。ハード部分だけを輸出して制御システムやデータは相手側で開発したものを乗せ換える方法も考えられるが、それは自動運転のビジネスで最も「おいしい」部分を放棄することになる。なおこれは逆方向の輸入に関しても同じであって、海外で深層学習した制御システムやデータを搭載した自動運転車は国内では使えない。

前述の新しいモビリティサービス（カーシェアリング・ライドシェアリング・マッチングサービス）やバスの機能向上は、車の個人所有の意志を何らかの形で低下させる方向に作用する。民間シンクタンクの推定によると、自動運転の導入を考慮しない条件で、新しいモビリティサービスでは新車購入需要への影響は年間一六万台の減少と推定される。これに自動運転車が加わって新しいモビリティサービスの機能が向上した場合には、年間六〇万台の需要の減少につながると推定している。[注5]なお二〇一八年の乗用車販売台数は、普通車（3ナンバー）一五八万台、小型車（5ナンバー）一三一万台、軽自動車一五〇万台となっている。[注6]

一方で自動車関連産業はＭａａＳ《マーズ》（徒歩・自転車、レンタカーやカーシェアリング、既存の公共交通まですべての移動手段を一つのサービスとして捉え、情報提供・予約・決済などまで一貫して行うシステム・Mobikity as a Service）への対応も模索している。[注7]トヨタ自動車とソフトバンクを中核に国内約九〇社が手を組み、新しい移動サービスを提供するＭａａＳの開発に乗り出すと報道された。自動運転車を効率良くシェアする仕組みや自動販売機を搭載した自動運転車など次世代サービスの創出を目指すとしている。背景として先行する米グーグルや中国への対抗と、自動運転の実用化に必要な膨大な走行データの収集と分析を複数企業で連携・共有する必要性からである。

こうした新しいビジネスは、自動車関連産業にはメリットをもたらすかもしれないが、実際に仕事や生活で移動を必要とする人々にとってはどうだろうか。日本の大都市において移動手段の主力を担う鉄道で毎日繰り返される混雑・ダイヤ乱れなどの本質的な問題がＭａａＳによって解消されるわけではない。またトイレが足りない、腰をかけて休むベンチがないなどのテクノロジー以前の初歩的な問題にも目を向けなければ総合的なサービス改善にならない。情報提供の部分にかぎっても、もともと公共交通のサービスレベル（運行本数など）が極端に低下している地方都市や農村部ではＭａａＳの意味はない。「便利なところはますます便利に、不便なところはますます不便に」という偏在化が追

図（写真）5—1　ローレル賞

認されるだけである。

図（写真）5—1の「ローレル賞」とは、鉄道愛好団体がその年に登場した優れた車両に与える賞であり、カー・オブ・ザ・イヤーと似た性格のイベントである。この一九七六年受賞の車両（東京急行電鉄）は現在もまだ都内で使用され、東京五輪を越えて最終的に二〇二二年まで残る予定であるが、[注8] 加速・減速の動揺がひどく、車内で立っていると若い人でもバランスを崩している。半世紀前の車両に乗って喜ぶのは鉄道マニアくらいだろう。またラッシュ時には事故でもないのに毎日のように「混雑による遅延」が発生し、所定のダイヤで設定されている列車本数が実際には運転されていない。「MaaS」等と称してもその中身がこのありさまでは、利用者本位の新しいモビリティ変革とは思われない。

同様に、バスが渋滞に巻き込まれて時間があてにならない実態が改善されない中で、情報提供が充実したところでバスのサービスそのものが向上するわけではない。戸崎肇は「さらに、都市の整備計画において、交通への配慮がもっとなされるべきである。バスの衰退の原因の一つは、その運行に対して定時性が保てないということがある。ＩＴＳ［注・高度道路交通システム］の普及によってバスの到着時刻が正確にわかるようになったとしても、定時性という、その本来の利便性が向上しなければ利用客が増えるわけがない」と述べている。[注9] 当時（二〇〇八年）はまだＭａＳという概念はなかったが、現在もバスの実態は変わっていない。公共交通を正しく位置づける政策がない中で、いかに「ビジネス」を考案しても利用者の利益にはならない。

ＥＶは「走る原発」

はしがきで紹介したように一九五〇年代に「原子力自動車」の構想が登場したが、非現実的であり消滅した。しかしいま別の形で「原子力自動車」が再登場しようとしている。それがＥＶである。通常、ＥＶとは内燃エンジンを全く持たずバッテリーのみをエネルギー源として搭載する車両を指すが、内燃エンジンと併用で外部からの充電機能も有するプラグインハイブリッド車（ＰＨＶ）もＥＶに分類されることがある。

二〇〇〇年代までの旧世代ＥＶは航続距離（一回の充電で走行できる距離）が短く、さらにバッテリーの耐用年数も短くほとんど普及しなかった。環境対策として国の補助金で先行導入した自治体では、最初の購入費用は補助金の対象になったのにバッテリーの交換費用が補助金の対象にならず、そのまま放置されるという失態さえみられた。現在は三菱自動車の「ｉ―ＭｉＥＶ（アイミーブ）」、日産の「リーフ」など、旧世代ＥＶに比べれば実用性が向上したＥＶが市販されるようになった。また以前は充電スタンドが限られ使い勝手にも不利があったが、現在は充電スポットの数は二万二〇〇〇カ所となりガソリンスタンドの七割近くにまで増加し充電にかかわる不利の軽減が試みられているほか、個人の住宅でも充電が可能になっている。

前述のように自動運転車はＥＶと相性が良い。自動運転にも積極的に参入を試みる米国の「テスラモーターズ」は、ガソリン車を凌ぐ性能を有するＥＶを販売しており、次世代車の主力はＥＶとアピールしている。次世代車としては燃料電池車（ＦＣＶ）も注目されているが、テスラ社の経営者イーロン・マスクは燃料電池（Fuel Cell）に懸けて「Fool Cell」と揶揄し、インフラ（水素供給スタンド）の不足などから実用性に乏しいと批判している。電池の性能が向上するにつれて大容量の電池が搭載され、一〇〇kW・時級の電池を搭載している車種もあるが、これだけの電池を搭載しても、自動運転のためのセンサーやプロセッサーを動作させる電力消費は大きく、航続距離に影響するほどの負荷に達するとの指摘もある[注10]（六四頁参照）。

ＥＶに関しては、大量に普及した場合に電源を何に求めるのかという問題がある。筆者は一九九〇年代からＥＶは「走る原発」すなわち原子力発電と密接な関連を有することを指摘してきた[注11]。「日本カー・オブ・ザ・イヤー二〇一一～二〇一二」にＥＶの日産「リーフ」が他車に大差をつけて選定された[注12]。二〇一一年三月に福島原発事故があり、他にも地震・津波の被害で多くの火力発電所も停止して電力不足が懸念されていた時期になぜＥＶが選定されたのだろうか。

ＥＶは自動運転のほかに気候変動対策（CO_2削減）としても導入が推進されているが、普及の予測に関してはＩＥＡ（国際エネルギー機関）の『世界のＥＶ概観二〇一八』[注13]がよく引用される。二〇一七年六月の「クリーンエネルギー閣僚会合」で「ＥＶ３０＠３０」キャンペーンが提唱され、二〇三〇年までに全ての自動車（乗用車・バス・トラック）を対象として、新車販売シェアに占めるＥＶの割合を参加国全体で三〇％以上を目指すとしている。かりにこれが達成された場合、世界で年間九二四〇億kW・時の電力需要が発生すると推定され、現在の平均的な原子力発電所（出力一〇〇万kW級）の一五〇基分に相当する。原発によらず再生可能エネルギーで電力を供給することも考えられるが、それもまた環境への多大な負荷をひき起こす懸念がある。

資源の面からの懸念もある。使い勝手が良く高性能のＥＶを提供するには、高性能の電池が不可欠である。電池は年々改良されているが、当面はリチウム電池が主流になると思われる。ＩＥＡ（前述）の推定によると、リチウムは現状一万トン前後の需要に対して、「ＥＶ３０＠３０」では二〇三〇年に約二七万トン必要になる。また原料としてリチウムだけでなくニッケル・コバルト等も必要になる。これらは製鉄・金属産業にも必要な資源であり、ＥＶの増加に伴って需要が急増すれば供給の逼迫や価格の高騰も懸念される。これらの金属資源の安定的な大量供給体制はまだ確立していない。その背景はＥＶが本当に大量普及するのか、生産者や商社がまだ様子見の状態であるためとされている。[注14]

米国のＥＶメーカーのテスラは高性能・高級志向（最近は大衆車も計画）であるが、日本のＥＶは軽自動車あるいは小型車をベースとしている。ＥＶはエンジン車より走行経費が安い（燃料費と電力費の比較）との評価もみられるが、今後日本でも高性能・高級志向が高まれば事情は変わってくる。しかも前述のように自動運転ではセンサーやＡＩの動作に多大な電力が必要となる。東日本大震災直後の二〇一一年の夏場の電力ピーク時には、供給力の不足による広域停電が危惧されたため家庭に対しても節電が強力に呼びかけられた。東京電力管内では事故前の例年に対して一五％の節減率が目標とされていた。

「原発の必要性をアピールするための誇張」との批判もみられたが、同年の夏に限っては多くの主力火力発電所も損傷から復帰しておらず供給力の不足には現実性があった。実際には、多くの家電製品が普及し便利な生活に慣れた現代ではよほど意識的に節電を試みないかぎり一〇％を超える節減は難しい。東京電力及び関西電力管内での二〇一一～二〇一三年の実態調査によれば実績は一〇％ていどであった。[注15] 世帯の電力消費量は季節や家族構成によって変わるが平均では毎月二五〇kW・時である。[注16] なお福島原発事故前は三〇〇kW・時を超えていたが急激に節電が進んだ。

一方でＥＶはどのくらい電力を必要とするか、自動車依存度の高い群馬県を例に試算してみる。群馬県の平均で車は月平均で約八〇〇km走行する。これに必要な電力をＥＶメーカーのカタログから試算してみると月に約一〇〇kW・時の電力に相当する。[注17] つまりよほど努力して生活面で節電しても、ガソリン車の代わりにＥＶを使えば節電分の二～三倍の電力を消費する。大都市では車の走行距離が少ないからこれより少なくなるが、それでも節電分よりはるかに大きくなる。

平均的なガソリン乗用車は一km走行あたり二・二MJ（メガジュール）のエネルギーを消費するが、ＥＶではそれが〇・九MJである。[注18] 車両単体としてのエネルギー効率の点だけみればエンジン車をＥＶに転換することは望ましいように思われる。ＥＶの性能・使い勝手が向上したとはいえエンジン車が全面的にＥＶで代替される状況は当面は考えにくいが、かりに国内のエンジン車をすべてＥＶに転換すると、電力の所要量にして年間約七六〇億kW・時に相当する。これは現在の平均的な原子力発電所の一二基分の年間発電量に相当する。これが二〇一一年に電力の供給力不足が警戒される中でEVが「カー・オブ・ザ・イヤー」に選定された背景である。

原発でなく太陽光など再生可能エネルギーを利用する提案もあるが、再生可能エネルギーの大量普及はまだ実現していない。かりにその一部としても原発数基分に相当する電力を再生可能エネルギーで代替するだけでも大きな負担である。太陽光発電は家庭用のエネルギー利用には適しているが、自動車はエネルギーを凝縮して集中的に使用する（エネルギー密度が大きい）必要がある。よく使われるたとえとして「大型バスの屋根全面に太陽光発電パネルを貼っても、得られる動力は原付バイク一台分」とされている。現在のエンジン車をEVで全面的に置き換えるほどの電力を取得するには膨大な面積の太陽光パネルが必要となる。メガソーラー（大規模太陽光発電所）の建設にかかわる環境破壊などもすでにトラブルになっている。

動力源が何であれ、同じ質量の物体を同じように動かすには同じ力が必要という物理的な事実は変えようがないが、エネルギーの変換過程にさまざまな要素が働くため見かけの現象に違いが生じる。たとえば渋滞・信号などで速度の遅い一般道よりも、高速道路を走ったほうが燃費が良い現象はよく知られている。物理法則からみれば速度が高いほうが消費エネルギーが少ないのは一見すると逆行しているが、これは街中では加速・減速（発進・停止）によるエネルギー損失が大きいため、一定速度で走行できる高速（自動車専用）道路のほうが、総合的に効率が良くなるためである。内燃エンジン車は一般に出力の低い領域で効率が低い。渋滞が多い市街地の低速走行では特に効率が悪くなるため、ことに大都市での利用は非効率的である。エンジン車の中でも電気を組み合わせて出力の低い領域の効率を改善した方式がＨＶ車である。

いずれにしても現実の道路の走行速度は、全国的な平均で時速三五㎞であり、大都市になるとさらに低下して時速二〇キロメートルを下回る。ところが平均的なエンジン車は、六〇〜八〇㎞／時前後で最大効率が得られるように設計されている。しかし道路交通の実態をみると、時速六〇〜八〇キロメートルで走行している乗用車の割合は（走行距離の累計でみて）一一パーセントにすぎず、残りは遅い速度で使用されている。[注19] もともとエンジン車の設計思想に根本的な誤りがあるためにエネルギーを浪費しているので、これを是正するだけで多大な省エネ効果がある。

電源としてのＥＶ

ＥＶは「Ｖ２Ｇ」「Ｖ２Ｈ」としても位置づけられている。「Ｇ」とはグリッドすなわち電力の配電網、「Ｈ」はホーム（家庭）の意味で、ＥＶ（ＰＨＶ）と配電網や家庭を一体に接続して利用する方法である。三菱自動車「ｉ－ＭｉＥＶ」の公式サイトでは停電や災害時にも役立つとアピールしている。[注20] 日産「リーフ」では六二kW・時のバッテリー容量があり平均的な世帯の一週間分の電力に相当する。また災害時（短期間での停電解消が望めない状況）には電力の使用を最低限に留めるように努めれば一週間以上持続できるかもしれないが、それでもよほど多数のＥＶが普及しないかぎり街区全体に非常用電力を供給する能力はなく、あくまで自宅用である。

図５―２　電力需給の日変化

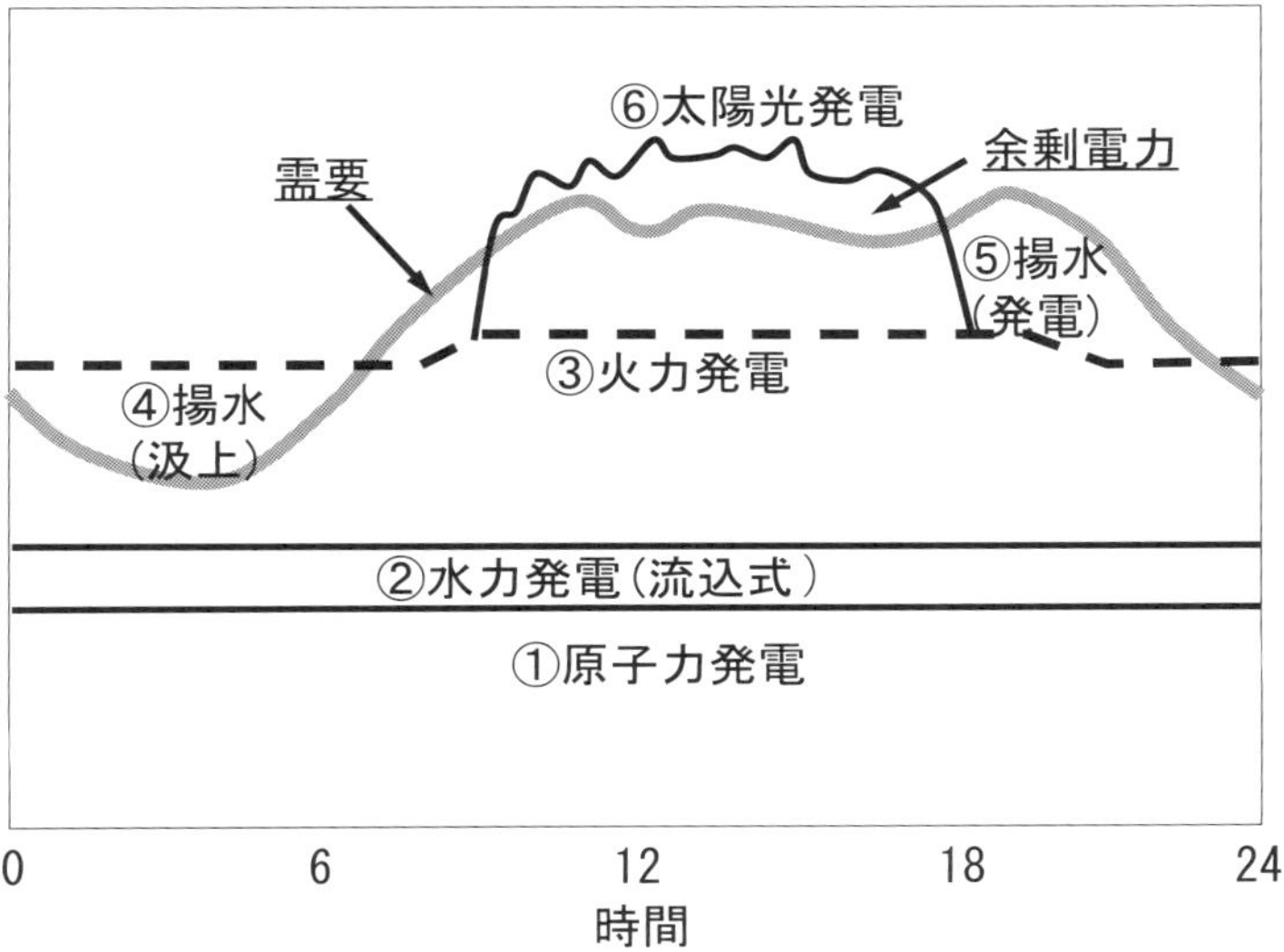

東京電力はＥＶ所有者に優遇措置を講ずるとしてＥＶを奨励している。[注21] これは今に始まったことではなく、福島原発事故前からＥＶの使い方として「夜間に余る電力を溜めて昼間に使う」ことが提示されていた。これは夜間でも一定出力で運転することを求められる原発の存在がその背景にある。火力発電は出力調整ができるので、需要が低下する夜間は出力を絞って運転している。太陽光発電は当然ながら夜間に電力が余るはずがない。風力発電や地熱発電は時間帯は関係しないが、送電の必要がなければ系統から分離すればよいだけである。水力発電も必要がなければ発電せず水をバイパスさせればよい。「夜間に電力が余って困る」のは原子力発電である。すなわち出力の増減が急速にできない原発を運転し続けるためには、夜間の電力需要を喚起する必要がある。このため電力事業者は、福

島原発事故前には「オール電化住宅」など夜間電力の使用を奨励していたが、事故後はそれを公然と掲げられなくなった。こうした背景もあり、EVは多額の補助金と減税に支えられている。日産「リーフ」の場合、二〇一九年一月現在で最大四〇万円の国の補助金[注22]、一七万円のエコカー減税が適用される。軽自動車なら状態の良い中古車一台が買えるほどの公費を投入する不自然さは原発との関連に起因する。

図5―2は電力需給の説明にしばしば用いられる図である。商用電力は電圧と周波数を正確に維持する必要があり、需要量と供給量を一致させないと電圧と周波数が乱れ、一定限度を超えると系統崩壊（送電網全体の供給不能）に至る。自然災害で主要な送電線が遮断されると広域の停電が発生することがあるが、これは系統崩壊ではない。

現在の日本では系統崩壊はめったに発生しないが、二〇一八年九月六日の北海道胆振東部地震に起因して北海道で系統崩壊が実際に発生した。これは地震で北海道電力管内の主力火力発電所が停止して供給力のほうが不足したためである。逆に供給力が上回った場合も調節が追いつかなければ系統崩壊（広域停電）がありうる。

図の①は原子力発電所であるが、原子力発電所は一旦定常運転になると出力の上下が困難であり、一定出力で運転することが望ましい。このためベースロード電源と呼ばれる。②は通常の水力発電（ダム式・流込式）である。現在の日本では全体に占める割合は小さい。③は火力発電所である。火力発電所は出力の上下が可能なので調整用として使用される。④は揚水発電の汲上げモードである。これは深夜から早朝に需要が低下した時間帯の余剰電力を使用して揚水ダムに水を汲み上げる時間帯である。⑤は夜間の電力需要が多い時間帯に揚水ダムから水を流下させて発電する。⑥はこれに太陽光発電が加わった場合である。太陽光発電が普及すると、年末年始・ゴールデンウィーク・冷暖房の必要がない季節など、電力需要の少ない時期あるいは時間帯に、既存の集中発電施設（原子力・水力・火力）と太陽光など再生可能エネルギーの合計供給力が需要を上回る可能性がある。図では八時〜一八時頃にその状態が発生している。原子力発電所を再稼働した九州電力では、二〇一八年一〇月には管内の供給力が需要を上回ると予想されたため太陽光発電の受け入れを一部遮断する「出力制御」を実施した。

そこでEVの大量普及を前提として、EVを配電ネットワークに接続して余剰電力をEVのバッテリーに充電し、必要な時は逆にEVから供給する提案が福島原発事故前からなされていた。経済産業省の「次世代エネルギー・社会システム協議会」[注23]というプロジェクトがあり、EVを電力の吸収・供給源として組み込んだ「スマートグリッド」の普及を提唱している。

スマートグリッドとは「情報通信技術を活用して効率的に需給バランスをとり、生活の快適さと電力の安定供給を実現する電力送配電網のこと」[注24]となっている。従来の大規模送電・配電ネットワークを中央で集中制御する方式に代わって、電子機器や通信機能を利用して、より狭い単位（街区や市町村など）での需要・供給のバランスを達成する送電・配電システムである。太陽光や風力など発電量の時間変動が大きい再生可能エネルギーの大量導入にも対応しやすいシステムとされている。しかしこの協議会の構成員をみると、福島原発事故前から原発推進を主導してきた関係者が同じ顔ぶれで同じ議論を続けている。原子力関係者は福島事故前から次のように述べている。[注25]

プラグインハイブリッド、新エネルギー、マイクログリッドと議論を展開したところで多く［の］読者はお気づきかと思うが、これらは原子力と相容れない考えではなく、将来の原子力のさらなる導入を促進する可能性を秘めている。新エネルギーがプラグインハイブリッド車の社会的な意義・価値を高めると同時に、プラグインハイブリッド車は夜間の安い電力の需要増や新エネルギーの導入に一役買うことになる。

出力不安定な新エネルギーと、一定で変動させることが難しい原子力がお互いの共通の弱点を運輸部門のエネルギー消費が解決してくれるストーリーである。

しかし動力源が電気であろうとなかろうと、車とはユーザーが「いつでも、どこでも」任意に移動できることを最大のメリットとする移動手段である。また通常の平日には自動車の利用が少ない大都市の勤労者世帯でも、年末年始や連休の昼間には自動車を利用する機会が増加する。そのような時間帯に、自動車を駐車場に停めて余剰電力を吸収するように管理できるのだろうか。ＧＰＳやＩｏＴ（あらゆる物がインターネットを通じて相互に情報を交換する・Internet to Things）の利用により個々の自動車の位置やバッテリーの充電状態の把握が可能となるとしても、ユーザーの車を外部から管理して、電力が不足した時にステーションに接続して放電（供給）を要請する運用が現実的とは思われない。一般に多くの車は昼間に稼動して夜間に駐車している。ＥＶと太陽光と組み合わせて過剰な供給を吸収しようとしても、太陽光が発電している時間帯には多くの車が路上を動いているのだから、その時間的なマッチングは期待できない。結局は出力調整ができない原発の存続を前提とするから、このような不自然なビジネスモデルが提案されるのである。さらに無秩序な充電インフラ網の整備が送電・配電系統への悪影響をもたらす可能性があるとして次のような指摘がある。[注26]

ＥＶ／ＰＨＥＶの普及には電力系統システムへの影響を考慮した充電インフラ網の整備が必要である。それは無秩序な充電インフラの普及が系統電力に悪影響をもたらす可能性があるからである。［中略］環境省の見通しでは二〇二〇年のＥＶ／ＰＨＥＶの保有台数は合計で三八五万台。日本の自動車保有台数は二〇一一年二月末で七九一七万台なので、三八五万台と言っても全自動車の四・五％程度でしかないのだが、もし、仮にこの三八五万台のＥＶ／ＰＨＥＶが一斉に充電を始めたらどうなるのだろうか。二〇〇Ｖ《ボルト》普通充電の容量を三kWとすれば計算上は一一五〇万kW（三kW／台×三八五万台）に達する。これは、電力一〇社合計の二〇〇九年夏のピーク需要一五九〇〇万kWの七％強に相当し、電力需給が逼迫した際は系統電力への影響が無視できなくなる。従って、充電インフラの整備を進めるに際しては、電力需要のピークカットやピークシフトの機能を備えた充電システム等を取り入れ、系統への影響に配慮したネットワークづくりが肝要になってくる。

前述のようにＥＶ保有台数は二〇一八年度末で九万一三〇〇台[注27]に過ぎず、まだＥＶの充電が電力供給に影響を及ぼすほどの状況にはなっていないが、スマートグリッドとの組み合わせが普及シナリオ

表５―３　1㎞走行あたりのエネルギー消費量

車種	1㎞あたり走行エネルギー（メガジュール）
ＦＣＶ	1.5
ＥＶ	0.9
ハイブリッド車	1.7
ガソリン車	2.2
ディーゼル車	1.8

の要素である。しかしスマートグリッドはまだ実験段階で普及していない。ＥＶ・再生可能エネルギー・スマートグリッドそれぞれの普及がどの程度になるのかというタイムラグによって問題が発生する。

　ＥＶの製造・販売は比較的早期に進展する可能性がある一方で、再生可能エネルギーの大量導入やスマートグリッドの導入はまだ実用的なスケジュールに乗っていない。しかも既存の電力会社はスマートグリッドには概して消極的であり、全国でいくつか実験は行われているものの実用化されたシステムはない。この状態でＥＶが大量普及すれば単に在来のネットワークでの電力需要の増加に過ぎず、結局のところ「やはり原発が必要だ」という社会的な圧力として逆手に取られる可能性が高い。存在しないものを前提にしてＥＶだけが先行して普及しても所期の効果は実現できない。

ＦＣＶ（燃料電池車）も「走る原発」

　現代のＥＶは性能（ほとんどは電池の性能に依存する）が年々向上し、航続距離は改善されているものの充電に時間がかかるなど不利な点が残る。日産「リーフ」の場合、充電器の仕様により異なるが通常充電モードで八～一六時間とされる。これは夜間・自宅での充電を想定したものである。また急速充電モードでも四〇～六〇分とされる[注28]。エンジン車に代わる次世代の車としてFCV（燃料電池自動車）も注目されている。FCVの駆動力はモーターでありEVと同じであるが、通常のEVは外部の電源からバッテリーに充電した電気を使用するのに対して、FCVは燃料として水素を搭載して車載の燃料電池で電気に変換して使用する。日本で市販されるFCVはトヨタ「MIRAI」とホンダ「CLARITY FUEL CELL」である。FCVは走行時には水しか排出しないため「究極のエコカー」と呼ばれる。しかし燃料の水素を製造する際にはエネルギーを必要とし、同時にCO_2等の環境負荷物質を発生する。水素の製造時から最終的な走行までの総合的な評価としてみると、従来のガソリン車・ディーゼル車よりは優れているものの、EVと比べると特段の優位性はない。研究機関の報告によると表5―3のような数値が示されている[注29]。

当然ながら燃料を補充する水素スタンドが普及しなければFCVは実用にならない。FCVに水素を供給する方法は二種類あり、現地の水素スタンドに水素製造装置を設ける「オンサイト方式」と、別の工場で作った水素をタンクローリーやボンベで持ち込む「オフサイト方式」がある。オンサイト方式では、都市ガス（天然ガスが原料）を原料としてスタンド内の製造設備で水素に変換するが、この方式ではメタンから水素を取り出す際にCO_2が副産物として発生し、大気に放出することになる。通常のガソリンスタンドは全国に三万七〇〇〇カ所（二〇一八年度末）存在する。一方で水素スタンドは現時点でも大都市と高速道路沿いの約一〇〇カ所しかない[注30]。しかも地理的な分布をみると、車の必要性が高い地方部ほどスタンドが普及しておらず（ゼロの県もある）FCVの普及には今なお制約が多い。

FCVに水素を補充するには圧縮機・貯蔵タンク・冷却器その他の補助機器が必要である。FCV

の燃料タンクを満タンに充填する時間は一回三分程度で、ガソリン車なみの利便性に到達したと説明されている。しかしその時間は、スタンドの充填用の容器からFCVに充填する時間のみであって、それ以前に準備時間がかかる。二〇一五年に移動式水素スタンドを運営する会社が設立された。「移動式」とは前述のオフサイト方式の一種で、工場で製造した水素をボンベに搭載し、圧縮機など設備一式を積んだトラックが指定された場所に来る方式である。持ち込んだ水素はそのままではFCVに供給できず、圧縮機を通じて充填用の容器に移し替える必要があるが、圧縮機の能力から計算すると一回三分の補充のための準備に三〇分以上かかる。しかも現在のところ稼働は平日の昼間だけで、一般ユーザーが日常的に利用できる状態ではない。

しかも現在のFCVは補助金漬けで成り立っている。トヨタの「MIRAI」の例では、メーカー希望小売価格六七〇万円（税別）に対して、国の補助金二〇二万円＋エコカー減税等二一万円という多額の公費が提供される（二〇一九年一月現在）。経済産業省はFCVの国内普及台数を二〇二〇年までに四万台としているのに対して、現状での累積販売台数は約二四〇〇台（二〇一七年度末）にとどまる。車などの工業製品では普及台数が増えるにつれて量産効果が発揮され、ある点を超えると価格が低下して成長軌道に乗り市場が自立することが期待される。本来の補助金はそのための引き金として提供されるはずだが、中クラスの新車が買えるほどの補助金を提供しながらこの低調では、いつになったら市場として自立できるのか見通しが立たない。

もう一つの補助金の対象は水素スタンドである。一般にガソリンスタンドでは一カ所あたり周辺に二〇〇〇台の車が存在しないと採算が取れないとされているが、FCVは全国に二四〇〇台しかないのであるから、水素スタンドは現状では全く採算が取れない。FCVが普及しないからスタンドが増えない、スタンドが増えないからFCVが普及しないという負のサイクルを打破する目的で水素スタンドについても莫大な補助金が提供される。水素の供給能力や設備の構成に応じて補助金のランクが異なるが、毎時三〇〇㎥以上の供給設備に対して最大で二億九〇〇〇万円（バス用は三億九〇〇〇万円）の補助枠が設けられている。この供給能力をガソリンに換算すると一時間に二～三台の乗用車が立ち寄るだけの零細スタンドと同程度でしかない。

FCVに自動運転機能を付加することは技術的には特に問題ないであろうが、FCV自体が高額な上に自動運転機能がオプション費用として加わればさらに高額となる。こうした制約が明らかになるにつれて二〇一五年頃からFCVに対する注目度は下がり、次世代車としてはEVが主流になりつつあるが、まだ将来は不透明である。特に中型以上の貨物車にはEVが適用しにくいため、エンジン車以外の別の方式が必要になる。車以外にも発電用や家庭用に水素の用途を拡大する「水素社会」も夢のように語られている。しかしその水素をどのように作るのだろうか。全体システムとして本当に「エコ」なのかを冷静に見極める必要がある。原子力関係者は福島事故前から次のような見解を示している。[注31]

原子力の有用性を世界的に見直す動きが盛んであるが、必ずしも明確に答えられていない問いは、「ところで一体、原子力を何に使うのか？」ということである。現状で想定される解は、電力用途ということであるが、炉寿命に伴う置き換え分を除けば、主な先進国では、電力用途はほぼ飽和状態にあるという見方もできる。しかし、このような見方は、近未来に大きく変わる可能性がある。つまり、二一世紀には世界的に水素の需要が大きく伸びていくと予想される状況があり、水素製造エネルギー源として、原子力に大いなる可能性があるのである。

先進国では電力用途の増加が見込めないと認識しながら原子力を推進する理由の一つは水素製造である。水素は水の分解から得られるので「原料は無尽蔵」と言われるが、分解にはエネルギー（高温）を必要とする。高温を得るために石油等を燃焼させるとCO2節減にならないため、原子力エネルギーを利用することが以前から研究されてきた。「水素社会」は「原子力社会」と表裏一体の関係がある。気候変動対策（CO_2節減）として、太陽光など再生可能エネルギーによる大量の水素供給は現実的でないとすると、原子力の利用方法として高温ガス炉が提案されている。通常の発電用原子炉（沸騰水型・加圧水型）では水の分解に必要な高温が得られない。このため水の代わりにガス（ヘリウム）を加熱し、それで発電用のタービンを回すとともに、残った熱を水の分解反応に利用する方式が高温ガス炉である。開発は福島事故以前から行われていたが、民主党政権での第三次エネルギー基本計画（二〇一〇年六月）では高温ガス炉の項目が削除されたのに対して、自民党政権での第四次エネルギー基本計画（二〇一四年四月）で復活した。

現段階で実在する日本の高温ガス炉は茨城県大洗町の日本原子力研究開発機構に設置されたHTTR（High Temperature Engineering Test Reactor・高温工学試験研究炉）である。海外では一九六〇年代から英国・米国・ドイツで試験炉が開発されたが、いずれも一九九〇年以前に運転を終了し、その後実用炉には継承されていない。ドイツでは機械的な破損トラブルがあったことが報告されている。その後現在まで、フランス・ロシア・中国・韓国等でも開発が行われているが商用利用の段階には進んでいない。

各国の試験炉はガスを冷却材（軽水炉の冷却水に相当）として使用する点は同じであるが、各々形式が異なっており実用炉としていずれが最適であるかは不明である。高温ガス炉は、冷却機能を喪失しても核暴走やメルトダウンに至らない特性を持つこと、国内に蓄積している余剰プルトニウムを消費できること、比較的小型で冷却に水を使わないため内陸部など立地が比較的自由なことなどが特徴とされている。[注32]この点から原子力関係者は輸出用として注目するとともに、国内での普及と実績作りを画策している。高温ガス炉の熱源は水素製造だけでなく発電にも利用可能で、かつ内陸部にも設置可能となれば、これまで多くの自治体首長が原発の誘致に積極的あるいは容認であったことから類推すると、政治動向によっては「一町一名物」ならぬ「一県一原子炉」の事態にもなりかねない。高温ガス炉が軽水炉に比べて安全性が高いといっても、原子炉を運転すれば核分裂生成物が蓄積するという関係は軽水炉と変わらない。しかし『産経』では政府の原子力政策に同調して高温ガス炉を「青い鳥」にたとえて称賛している。[注33]

福島事故に端を発した原発殉難の逆風の中で、実力を再認識された国産次世代原子炉が高く飛翔しようとしている。茨城県大洗町に立地する日本原子力研究開発機構の高温ガス炉（HTTR・熱出力三万キロワット）が、高い安全性と利便性を評価され、国内外で熱い視線を集めているのだ。何しろ、配管破断で冷却材を喪失しても、電源を失っても炉心溶融などの過酷事故には至らないのだからすごい。固有安全性を備えている原子炉は自然に冷温停止してしまう。その上、運転に水を全く必要としないので、内陸部にも建設可能。だから津波で被災する心配もない。砂漠に建設しても運転できる。発電だけでなく水素製造や製鉄にも使える。多用途の原子炉として国際的に注目度が高い。この理想の原子炉の卵は一九九八年の完成後、鳴かず飛ばずとなっていたのだが、四月に国の「エネルギー基本計画」に組み込まれるなど、にわかに正当な処遇を得た形だ。夢の原子炉は、日本にあった。メーテルリンクの童話「青い鳥」とHTTRが二重写しになってくる。

独立行政法人日本原子力研究開発機構（JAEA）では一九九八年より高温ガス炉「高温工学試験研究炉（HTTR）」の試験を行っているが、現在までに実施した主な試験は、二〇〇一年一二月に熱出力三〇℃および原子炉出口冷却材温度八五〇℃、二〇〇四年四月に原子炉出口冷却材温度九五〇℃、二〇一〇年三月に同九五〇℃および五〇日間高温連続運転などである。また二〇一〇年一二月には原子炉稼働のまま一次冷却材を止める実験を行い、自然に冷温停止状態に達することを確認したと報告されている。しかしこの状態では二〇一六年に廃炉となった『もんじゅ』より進捗度は低い。この『産経』の論説は、「東京で自動運転が二〇二〇年に普及」という安倍首相の放言の安易な引用（前述）と同じく無責任な空想物語にすぎない。

この後、福島原発事故により原子力政策の先行きが不透明になったことにより表向きは開発を中断していたが、ＪＡＥＡから「原子力水素製造（ＨＴＴＲ―ＩＳ）試験計画への移行の可否を含む第三期中期計画における『高温ガス炉とこれによる水素製造技術の研究開発』に関する事前評価」についての諮問に対する答申として二〇一四年三月に外部有識者「高温ガス炉及び水素製造研究開発・評価委員会」の評価結果の報告書が公開された（日本原子力研究開発機構ウェブサイト「高温ガス炉とこれによる水素製造技術の研究開発に関する評価結果」）。その評価結果として「我が国の炭酸ガス排出量低減に貢献するため、原子力エネルギーによって熱需要に応えること、高温ガス炉とこれによる水素製造技術を我が国が持つことが必要」等の結果を受け開発を進展させることを決定している。たまたま福島事故直前に点検のため停止してそのままの状態であるが、再稼働を計画しており新規制基準に基づく審査を原子力規制委員会に申請中である。ただし規制委員会は商用炉の再稼働に関して優先的に作業しているため、ＨＴＴＲの再稼働は具体的に見通しが立っていない。このほか原子力で製造した水素にはトリチウムが混入するなど数多くの懸念がある。いま福島第一原発から排出される汚染水でトリチウムが問題となっているが、汚染水はタンクに貯留すればそれ以上の拡散は防がれる。しかし路上を移動する車から排気ガスとして放出されるトリチウムはそのまま環境中に排出される。これらの詳細は拙著[注34]を参照していただきたい。

エンジン車も「走る原発」

車と原子力の関係として、ＥＶ・ＰＨＶは直接電力を使用することにより、またＦＣＶは燃料とな

図5—3　各種産業のGDP100万円当り電力需要量

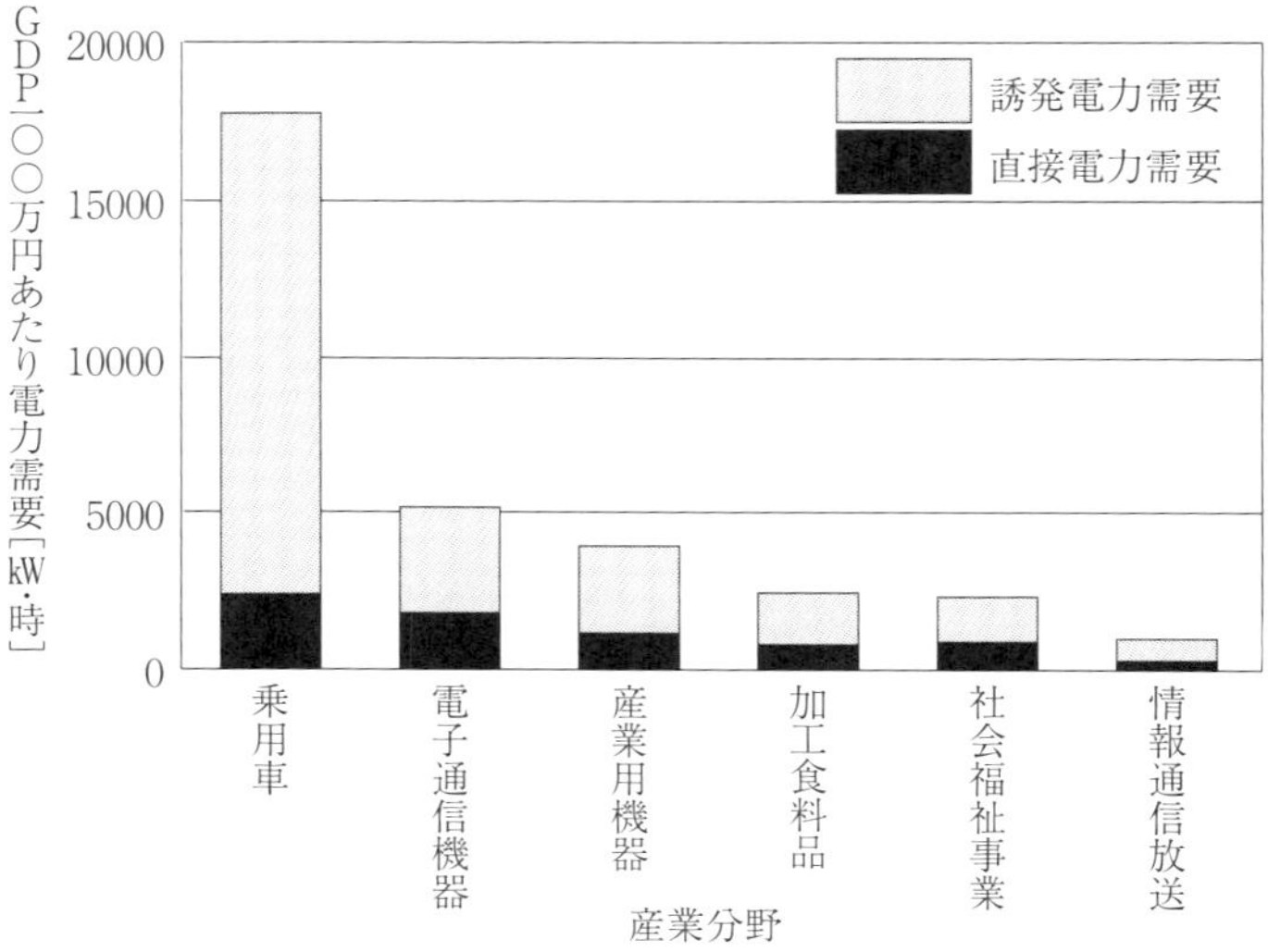

る水素の製造を通じていずれも原子力と関連することを示した。しかし在来のエンジン車も製造に多くの電力を必要とすることから、少なくとも福島原発事故以前には間接的に「走る原発」であったし、今後も原子力発電所の再稼働が進めば同じ結果になる。福島原発事故前に開催されていた「地球温暖化問題に関する懇談会[注35]」の座長が奥田碩・トヨタ自動車取締役相談役、委員に勝俣恒久・東京電力会長（いずれも当時）が参画している。気候変動対策を名目にしながら原発推進の意図を有していることが推定されるであろう。

　この本質的な性格は自動運転が導入されたところで変わらない。一般市民が知っているトヨタ・日産等の「自動車メーカー」は組み立てが中心の産業であるが、車はエンジン・車体・タイヤ・プラスチック製品・電子機器など多くの関連産業から構成されており、その製造に多くの資源とエネルギーを必要とする。前項では経済的な関連性を示したが、エネルギー面での関連性はどうだろうか。いわゆる「産業の裾野が広い」ことは、同時に派生的なエネルギー消費が多いことを意味する。「産業連関分析」を用いて、乗用車とその他の産業分野についてGDP一〇〇万円を産み出すのにどのくらいのエネルギー（ここでは電力）が必要となるか推計することができる。[注36]

その結果、GDP一〇〇万円あたり、乗用車は二四三〇kW・時の直接の電力需要（自動車産業が必要とする電力）と一万五三三五kW・時の誘発電力需要（関連産業や素材産業が派生的に必要とする電力）を発生させる。これに対して製造業の中でも、電子通信機器では同様にGDP一〇〇万円を産み出すのに直接一八三二kW・時と間接三三二〇kW・時、産業用機器では直接一一八六kW・時と間接二七四二kW・時である。すなわち乗用車製造は同じGDPを発生させるのにきわめて電力浪費的な産業である。また参考までに、ソフト（第三次）産業はより少ない電力で同じGDPを産み出すことができる。社会福祉事業では直接九一七kW・時と間接一四三八kW・時、情報通信産業では直接三〇八kW・時と間接七二一kW・時である。これらをまとめて図5―3に示す。すなわちエンジン車は、ガソリン（軽油）で走行するため電力とは無縁のように思われるが、舞台裏では膨大な電力を消費している。

さらに「走る原発」を別の側面でも考える。二〇一一年の夏には家庭での節電が強力に呼びかけられ「熱中死を起こさない程度にエアコンを使用しましょう」との注意が付されるほどであった。その一方で大都市における車（特にマイカー）の使用自粛の呼びかけはみられなかった。車のエンジンで使用された燃料のエネルギーは排気ガスに伴って熱として都市空間に排出される。この排熱は農山村など人口密度が低い地域では問題にならないが、多数の車が集中する都市では気温に直接影響を及ぼすほどの量に達し、その結果として冷房電力の需要を押し上げる。さらに夏期にはカーエアコン（冷房）を駆動するための燃料が加わる。カーエアコンの使用による燃料消費の増加はドライバーの体験としてもよく知られているが、車は直射日光にさらされるため家庭用のエアコンと比べて負荷が大きい。環境省の調査によると、カーエアコンの使用は走行用の燃料消費に対して二二〜三二％の増加をもたらすという。結果として東京都では自動車からの排熱は住宅からの排熱の一・六倍に達する。[注37] このように普通のエンジン車も間接的に「走る原発」の性格を有している。

注

注1　アーサー・ディ・リトル・ジャパン『モビリティー進化論』日経ＢＰ社、二〇一八年、一三二頁

注2　中島徳至「ＥＶにより変化する産業構造」ＡｌｌＡｂｏｕｔ車・バイクウェブサイト。https://allabout.co.jp/gm/gc/423948/

注3　（一社）自動車検査登録協会「わが国の自動車保有動向」。https://www.airia.or.jp/publish/statistics/trend.html

注4　総務省「産業連関表」統計表一覧、ただし二〇一一年表。http://www.soumu.go.jp/toukei_toukatsu/data/io/ichiran.htm

注5　アーサー・ディ・リトル・ジャパン『モビリティー進化論』日経ＢＰ社、二〇一八年、一六八頁

注6　日本自動車工業会「統計月報」各月版。http://www.jama.or.jp/stats/m_report/pdf/2019_02.pdf

注7　「ＭａａＳ加速へ九〇社連携　トヨタ・ホンダ異例の握手」『日本経済新聞』、二〇一九年三月二九日

注8　東京急行電鉄（株）「中期三か年経営計画」二〇一八年三月。https://www.tokyu.co.jp/ir/manage/pdf/midplan180327.pdf

注9 戸崎肇『タクシーの未来はあるか（規制緩和と交通圏２）』学文社、二〇〇八年、二六頁

注10 冷泉彰彦『自動運転「戦場」ルポ』朝日新書№六七八、二〇一八年、七八頁

注11 上岡直見『交通のエコロジー』学陽書房、一九九二年

注12 日本カー・オブ・ザ・イヤー公式サイト。http://www.jcoty.org/record/coty2011/

注13 IEA（International Energy Agency）Global EV Outlook 2018 https://webstore.iea.org/global-ev-outlook-2018

注14 （独法）石油天然ガス・金属鉱物資源機構「ＥＶ向け電池関連金属資源の最近の動向」.http://mric.jogmec.go.jp/reports/current/20180611/86983/

注15 電力中央研究所研究報告書Ｙ１１０１４「家庭における二〇一一年夏の節電の実態」二〇一二年三月、その他各年版

注16 電気事業連合会（任意団体）「日本の電力消費」ウェブサイト。https://www.fepc.or.jp/smp/enterprise/jigyou/japan/index.html

注17 日産「リーフ」の諸元表では走行電力消費率は一二〇～一五五Wh／㎞となっている。

注18 （財）日本自動車研究所総合効率検討作業部会「総合効率とＧＨＧ排出の分析報告書」二〇一一年三月。http://www.jari.or.jp/Portals/0/jhfc/data/report/2010/pdf/result.pdf

注19 南斎規介・森口祐一・東野達『産業連関表による環境負荷原単位データブック』国立環境研究所地球環境研究センター、三一頁、二〇〇二年。

注20 三菱自動車「ｉ－ＭｉＥＶ」公式サイト。https://www.mitsubishi-motors.co.jp/lineup/i-miev/

注21 東京電力エナジーパートナー公式サイト「ＥＶのある暮らし」。http://www.tepco.co.jp/ep/kurashi-ev/link.html

注22 （一社）次世代自動車振興センター。http://www.cev-pc.or.jp/

注23 経済産業省「次世代エネルギー・社会システム協議会」。https://www.meti.go.jp/committee/summary/0004633/index.html

注24 （経済産業省「エネルギー白書」二〇一〇年版）

注25 (社) 日本原子力産業協会・原子力システム研究懇話会「原子力による運輸用エネルギー」二〇〇七年六月
注26 『EV／HEV用電池と周辺機器・給電システムの最適化・効率化技術』(株) 情報機構、二〇一一年六月
注27 (一社) 自動車検査登録協会「わが国の自動車保有動向」。https://www.airia.or.jp/publish/statistics/trend.html
注28 日産「リーフ」充電・航続距離。https://www3.nissan.co.jp/vehicles/new/leaf/charge.html
注29 (財) 日本自動車研究所総合効率検討作業部会「総合効率とGHG排出の分析報告書」二〇一一年三月。http://www.jari.or.jp/Portals/0/jhfc/data/report/2010/pdf/result.pdf
注30 燃料電池実用化推進協会「商用水素ステーション情報」。http://fccj.jp/hystation/#list
注31 日本原子力産業協会・原子力システム研究懇話会「原子力による水素エネルギー」二〇〇二年六月)
注32 原子力百科事典「高温ガス炉の安全性」。http://www.rist.or.jp/atomica/data/dat_detail.php?Title_Key=03-03-03-02.html
注33 産経ニュース (インターネット版)「日曜に書く」二〇一四年一一月三〇日
注34 上岡直見『「走る原発」エコカー——危ない水素社会』コモンズ、二〇一五年
注35 官邸ウェブサイト「地球温暖化問題に関する懇談会」。https://www.kantei.go.jp/jp/singi/tikyuu/index.html
注36 具体的な方法については多くの参考書があるが、たとえば吉岡完治・早見均・松橋隆治・大平純彦・鷲津明由『環境の産業連関分析』日本評論社、二〇〇三年
注37 環境省「平成一五年度 都市における人工排熱抑制によるヒートアイランド対策調査報告書」交通排熱の計算方法

おわりに

本書では自動運転の問題について多くの指摘を挙げたが、要約すれば次のとおりである。

○自動運転はまだ技術的に未熟であるとともに、本質的に解消しえない矛盾を抱えている。
○道路上のすべての自動車を強制的に自動運転に置き換えることが不可能である以上は、自動運転車の混在に起因する事故や渋滞等のトラブルはいつまでも解消できない。
○ＡＩの判断は事後の解明が困難で自動運転車の事故は誰も責任を取らない。
○自動運転を適用しうる領域は車の走行全体のごく一部にとどまる。
○歩行者・自転車と混在する一般道や生活道路において「レベル５（どのような状況下でも完全な自動走行）」が実現する可能性は乏しい。
○物流の末端配送など部分的には適用の利点があるが、低速度の用途に限られる。
○自動運転が未成熟なままビジネスとして導入が試みられれば、歩行者・自転車の通行を規制するなど本末転倒の条件が必要となる。
○自動運転車の購入者は高収入層が中心であり、自動運転のメリットは（あるとしても）国民全体に及ばない。
○地球レベルでみれば多くの人々はモータリゼーションの恩恵と無縁、すなわち自動運転とも無縁である。
○自動運転車と並行して進展するEV（電気自動車）の大量普及は原発推進の圧力となる。

近年「日本の技術は世界一」という自画自賛を目にする機会が多いが、少なくとも交通の分野に関してそれを実感できるだろうか。たしかに新幹線の安全性・正確性や速度向上などは世界に誇る成果である。しかし新幹線の乗客数は鉄道全体の一・六％である。日常の大都市の鉄道における詰め込み輸送や、バスの運行遅延などは一向に改善の見通しがない。ひたすら「お客様のご理解、ご協力」で片づけられ、あたかも利用者のマナーが悪いからお互いに不愉快な思いをするのだと言わんばかりである。東京五輪に起因して予想される交通の混乱は、日本人の団結と共助の精神で乗り切ると交通の専門家が言い出す有様である。[注1]その一方で、地方部ではダイヤ改正のたびに鉄道やバスの便数が減らされ、最後のセフティネットであるタクシーさえ存続が危ぶまれる。

また第三章で指摘したように、日本は交通事故の被害者に占める歩行者・自転車の割合が欧米に比べてきわめて高いが、これも数十年にわたって指摘されながら改善がみられない。すなわち一点豪華的な技術の開発や学術的な研究はあっても、それが人々の日々の生活の質を高める方向で統合的に利用されているようには思われない。

現在の工学技術の分野はきわめて細分化されているため、技術者や研究者は自分の専門領域に埋没し、それが社会の中でどのような位置づけにあるかについての関心が乏しい。自動運転に関しても、多くの技術者・研究者が特定の分野で自分に都合のよい解釈を羅列しているだけである。いま自動運転ブームに乗って「交通事故防止」「地球温暖化防止」といった名目を掲げれば、タイミング良く補助金や研究費が貰えるかもしれないが、本書で掲げた数々の障壁をクリアして、自動運転が本当に現実の社会で普及する可能性があるかどうか、真摯に考えるべきである。

企業に所属する技術者であれば、自らの意志と関わりなく組織の指示で仕事をせざるをえない事情があるとしても、特に問われるのは研究者の良識である。福島原発事故が起きた背景を「東大話法」として指摘した安冨歩は、無責任な研究者の特徴の一つとして、研究費を確保するための欺瞞的な申請書や論文を巧みに作成する能力を上げている。[注2] こうした過程の先にあるのは、巨額の公費を投入したあげく放棄された高速増殖炉（もんじゅ）や、甚大な公衆被害をもたらした福島原発事故と同じ結末である。また官僚に関しても同様であり、いわゆる「省益」確保のため次々と目新しいテーマを掲げてはそれっきりという弊害を断ち切らなければならない。

第五章でも触れたとおり、ＦＣＶ（燃料電池車）一台に公費で二〇〇万円を超える補助金が提供される。一方で地域の鉄道・バス・タクシーの事業者は、それと同程度の額の赤字・黒字をめぐって四苦八苦し、切り詰めた経営は利用者の不便・不快にしわ寄せされる。災害による不通のまま放置されている鉄道路線が全国に何カ所もある。必要性の乏しい道路やリニア新幹線に多大な費用が投じられていることを拙著でもたびたび指摘している。[注3] 人々の暮らしの質を守る交通のあり方はどうあるべきかという視点に立って、社会的な資源の配分を変えなければならない。自動運転の先にその解はない。

注

注1 「五輪渋滞、ナンバー規制案 IOCが対策提示」『東京新聞』二〇一九年一月一日

注2 安冨歩『原発危機と「東大話法」』二〇一二年一月、明石書店、一一三頁

注3 上岡直見『鉄道は誰のものか』二〇一六年七月、緑風出版

V2V・V2N・V2P・V2I・V2G・V2H	「Vehicle to 何々」の意味で、三番目の文字は車と他の物体あるいは人との情報のやり取りを示す。Vehicle to Vehicle, -Network, -Pedestrian, -Infrastructure, -Grid, -Home など。なお「Grid」とは電力網の意味で、EV（電気自動車）を送電系統に接続して、夜間等に商用電源からEVに充電するが、ピーク時や災害時には逆にEVを電力源として利用する方法も考えられている。
VRU（Vulnerable Road Users）	道路交通弱者。道路上において自動車と比較して物理的な弱者を指す。歩行者・自転車・障害者等。日本語の「交通弱者」は公共交通にアクセスできない人等も指すが、それとは観点が異なる。EUの定義では「歩行者、自転車、二輪車、行動や判断に制約のある障害者などの、車以外の道路使用者」となっている[注5]。

注1　「ITS Japan」ウェブサイト。http://www.its-jp.org/about/

注2　土井健司・紀伊雅敦・佐々木昭恵「高齢者の外出とまちなかの回遊性を促進するためのスローモビリティとコモビリティに関する研究」『IATSS review』Vol.36, No.3, p.152, 2012年

注3　国土交通政策研究所「PRI Review」No.71, 2019年 http://www.mlit.go.jp/pri/kikanshi/prireview2018.html

注4　https://www.navitime.co.jp/

注5　https://ec.europa.eu/transport/themes/its/road/action_plan/its_and_vulnerable_road_users_en

MaaS（Mobility as a Service）	新しい概念であるので公式な定義はないが、ある説明によれば「ICTを活用して、公共交通か否か、また運営主体に関わらず、マイカー以外のすべての手段によるモビリティを一つのサービスとしてとらえ、シームレスにつなぐ新たな『移動』の概念」としている。最近の動向は報告がある[注3]。情報提供・予約・実際のサービスの提供・料金の決済などまで総合的に行うシステムである。日本の「ナビタイム[注4]」は物理的な交通サービスや決済機能は提供していないが、徒歩情報まで網羅した情報提供機能についてみればMaaSの一種といえる。
マシンラーニング（Machine Learning）	機械学習。「人間が明示的にプログラムしなくても学習する能力をコンピュータに与える」という概念が近い。深層学習は機械学習の中の一つの発展型である。
NEV（Neighborhood Electric Vehicle）	近隣用電気自動車。LSVと類似のもの。
ODD（Operational Design Domain）	自動運転システムが作動する環境が整えられている領域。システム提供者が「この条件ならば自動運転できる」と設定する条件。普遍的な定義ではなくシステム提供者による。
OEM（Original Equipment Manufacturer）	自動運転に関していえば完成車メーカーを指す。日本でいうOEM（他企業のブランドの製品を製造すること）とは異なる。
OTA（Over the Air）	制御ソフトやマップのバージョンアップ等があった場合に無線通信を用いてオンラインで更新する方式。
PMV（Personal Mobility Vehicle）	パーソナルモビリティ。セグウェイのような器具。自転車・シニアカー・電動車いすを入れることもあるが論者によって必ずしも統一されていない。
P2P（Peer to Peer）	情報通信の分野では、複数の端末間で通信を行う方式で、クライアントサーバ方式ではないという意味を強調する場合に使われる。ただし交通分野では概念は同じだが「Person」の意味に転じ個人所有の交通手段同士が移動サービスの供給・利用を行う（事業者が介在しない）方式を指す。
SoS（System of Systems）	自動運転車が導入された交通環境全体
TNC（Transportation Network Company）	ウーバー型のシェアリングビジネス。ドライバーは副業かどうかはともかくビジネスであり、行先は利用者が指定するので「相乗り」とは異なる。短距離利用が多い。ニーズとしては日本で飲酒時の「代行車」がその例に近い。
VICS（Vehicle Information and Communication System）	道路交通情報通信システム。渋滞情報、所要時間、事故・故障車・工事情報、速度規制・車線規制情報、駐車場の位置、駐車場・PAの満空情報などを車載器に提供する。VICS対応のカーナビを搭載する必要がある。

HMI（Human Machine Interface）	日本ではMMI（Man Machine Interface）と呼ばれることがある。機械（コンピュータ等）と人間の接点。人間の要求を機械が実行可能な形に、逆に機械の状態（情報）を人間に理解可能な形に受け渡す手段。基本的な装置では、PCのキーボード、ディスプレイ、マウスなどもHMIである。ハード的・ソフト的双方の意味でHMIがある。
ICT（Information and Communication Technology）	一般に言われるITとほぼ同じ意味。もともとICTは交通用語ではないが、交通分野での情報通信技術が進展したことから交通分野でも使用される機会が多い。なお歴史的には、公共交通の分野こそ情報通信技術を先駆的に利用してきた分野であった。鉄道・航空・船舶では安全かつ効率的な運行のためには通信システムが不可欠であった。
IoT（Internet of Things）	自動車・家電・ロボット・施設などあらゆるモノがインターネットにつながり、情報のやり取りをすることで新たな付加価値を生み出すしくみ（総務省『情報通信白書』）。「IoT」という特定のシステムや組織があるわけではなく概念である。
ITS（Intelligent Transport Systems）	情報通信技術等を用いて人と道路と車両とを一体のシステムとして構築することにより、ナビゲーションシステムの高度化、有料道路等の自動料金収受システムの確立、安全運転の支援、交通管理の最適化、道路管理の効率化等を図る[注1]。道路側にインフラが必要であり、現在は自動走行が重視されるが車両側との分担はまだ整理されていない。
GPU（Graphics Processing Unit）	画像処理に適したプロセッサ（演算装置）。深層学習とも関連が深い。
LiDER（Light Detection and Ranging）	ライダー（「レーダー」に対比する用語）は、パルス状のレーザー照射に対する散乱光を測定し対象物までの距離やその対象の性質を分析する。目的はレーダーと同じだが、レーダーはマイクロ波（ミリ波）を使用するのに対してライダーは光の波長領域を用いる。近距離ではレーダーより精密な検出ができる。
LKAS（Lane Keeping Assist System）	車線維持支援システム。カメラ等で車線を読み取ってステアリング操作を自動的に行う。
LSV（Low Speed Vehicle）	低速（通常は30km／時以下）で走行する軽量・小型の車両。米国では法的に定義されているが、日本では法的な定義はない。米国ではLSV専用レーンを設置している地域もある[注2]。レンタカーやカーシェアリングの一形態として、有人走行では通常の車として、回送時はLSVとして走行する方式も提案されている。

ビッグデータ（Big Data）	直訳すれば「大量のデータ」であるが、現状では数ペタ（10の15乗）バイト程度のサイズを指すとされる。自動運転車との関連では、過去の交通事故のデータ、走行環境に関する地図や画像などに利用される。
B2C（Buisiness to Client）	後述のP2Pに対比される概念。在来型タクシーの呼出し利用は、利用者からのデマンドに対してタクシー会社が配車する。情報用語でいえばクライアントサーバ方式に相当する。
コネクティドカー（Connected Car）	常時インターネット等の通信ネットワークに接続されている車。IoT（後述）の一つである。
DDT（Dynamic Driving Task）	動的運転タスク。運転中にリアルタイムで行う必要があるすべての運転にかかわる行為。操舵・加減速・周辺認知など。行程立案や経路選択等は除く。
ディープラーニング（DeepLearning）	深層学習。機械（AI）が人間に近い認識ができるように学習する技術。コンピュータ碁・コンピュータ将棋などもディープラーニングの一種である。ただ実際にはビッグデータを統計処理するものに過ぎない。自動運転に関して言えば、カメラで捉えた画像が何なのか、どのような状況（方向・照明・影・変色・変型など）でも正しく認識する機能が求められる。
DM（Driver Monitoring）	運転者監視システム。ドライバーの表情、視線、心拍等を検出し居眠りその他の異常をモニターする。レベル4以下ではドライバーが運転体制にないと判断した時にはアラームや自動停止を行う。
ダイナミックマップ（Dynamic Map）	長期（道路ネットワーク・構造物等）から短期（事故・工事・渋滞等）まで網羅した高精度地図。時間軸では秒単位、空間軸ではcm単位での物理精度と更新頻度が求められる。
DSRC（Dedicated Short Range Communications）	専用狭域通信。車両に対する無線通信技術で、既にITS等で使用されている。
Eコマース/EC	電子商取引。個人の利用についてみればネットショッピングのこと。企業間で取引する場合はB2B（Buisiness to Buisiness）、個人の利用ではB2C（Buisiness to Consumer）と呼ばれることもある。以前のネットショッピングは嗜好品・雑貨等が対象だが現在はネットスーパーとして食品の利用も増えている。要するに「宅配便」の介在が不可欠なので末端配送部分で自動運転と関連が深い。
ECU（Electronic Control Unit）	システムを電子回路を用いて制御する電子装置の総称。以前はElectronicでなくEngineのEであったが現在は制御の対象が広がっている。ブレーキECU、ステアリングECU、エンジンECU、これらを統括する統合ECU等と呼ばれる。
EV（Electric Vehicle）	電気自動車。バッテリーをエネルギー源として車輪を電動モーターで駆動する車両を指す。内燃機関を併用するHV（ハイブリッド車）・PHV（プラグインハイブリッド車）や、FCV（燃料電池車）は駆動力に電動モーターを使用（併用）しているが、通常はEVと呼ばれないことが多い。

付表

用語・略語（原則としてアルファベット順）	解説
ACC（Adaptive Cruise Control）	定速走行・車間距離制御装置。加速減速を自動的に行い、車間距離を一定に保つ。次項のADASの機能の一つともいえる。
ADAS（Advanced Driver Assistance System） ADS（Automonous Driving System） ADV（Automonous Driving Vehicle）	先進運転補助システム。事故などの可能性を事前に検知し回避するシステム。自動車に搭載されたレーダー・カメラ・各種センサーで周囲の人や物体を認識し、歩行者の検出・車線逸脱の検知などを行い、あるていどの自動制御を行なう。あくまで人間の補助。
AV（Automonous Vehicle）	自動運転システムあるいは自動運転車。ただしメーカーや論者によってさまざまな呼び方があり定義も一致していない。
AHS（Advanced Cruise-assist Highway System）	走行支援道路システム。車両側の自動（自律）運転というよりも道路側から情報提供を行うことを主とした円滑化や事故防止を行うシステム。後述のITSの延長線上にある。
AI（artificial intelligence）	一般に「人工知能」と訳される。AI以前のコンピュータ（プロセッサ）は設計者が作成したプログラムに従って動作する「計算機」であったが、AIはいくつかの技術により、人間が行うような認識・推論・言語運用・創造など知的な行為を行うことができる。後述するディープラーニング、ビッグデータ等との併用が不可欠である。
ASIL（Automotive Safety Integrity Level）	自動車の電気・電子に関する機能安全についての国際規格（ISO26262）で規定されている自動運転車に求められる安全機能のレベル。時間あたりのシステム故障確率の限度等を規定している。低いほうからA ～ Dのレベルがあり自動運転車ではレベルDを求められる。
ASV（Advanced Safety Vehicle）	先進安全車両。自動運転を前提としたものではなく在来車の改良である。ただし日本の定義では高輝度ヘッドライトを装備しただけでASVと称するものもある。

［著者略歴］

上岡直見（かみおか　なおみ）
1953 年 東京都生まれ
環境経済研究所 代表
1977 年 早稲田大学大学院修士課程修了
技術士（化学部門）
1977 年～ 2000 年 化学プラントの設計・安全性評価に従事
2002 年より法政大学非常勤講師（環境政策）
2004 年 国立市「自転車の似合うまちづくり委員会」委員
2005 年 国土交通省中国運輸局「環境負荷に配慮した瀬戸内海スローツーリズム創出検討委員会」委員
2005 年 松本市「松本・四賀直結道路市民意向確認研究会」委員
2007 年 荒川区「荒川区環境交通省エネルギー詳細ビジョン策定委員会委員」委員
2006 年～ 2018 年 交通エコロジー・モビリティ財団「環境的に持続可能な交通 (EST) 普及推進委員会」委員

著書
『乗客の書いた交通論』（北斗出版、1994 年）、『クルマの不経済学』（北斗出版、1996 年）、『地球はクルマに耐えられるか』（北斗出版、2000 年）、『自動車にいくらかかっているか』（コモンズ、2002 年）、『持続可能な交通へ―シナリオ・政策・運動』（緑風出版、2003 年）、『市民のための道路学』（緑風出版、2004 年）、『脱・道路の時代』（コモンズ、2007 年）、『道草のできるまちづくり（仙田満・上岡直見編）』（学芸出版社、2009 年）、『高速無料化が日本を壊す』（コモンズ、2010 年）、『脱原発の市民戦略（共著）』（緑風出版、2012 年）、『原発避難計画の検証』（合同出版、2014 年）、『走る原発、エコカー――危ない水素社会』（コモンズ、2015 年）、『鉄道は誰のものか』（緑風出版、2016 年）、『JR に未来はあるか』（同、2017 年）、『Ｊアラートとは何か』（同、2018 年）『日本を潰すアベ政治』（同、2019 年）など

自動運転《じどううんてん》の幻想《げんそう》

2019年6月30日 初版第1刷発行　定価2500円＋税

著　者　上岡直見 ©
発行者　高須次郎
発行所　緑風出版
〒113-0033　東京都文京区本郷2-17-5　ツイン壱岐坂
［電話］03-3812-9420　［FAX］03-3812-7262［郵便振替］00100-9-30776
［E-mail］info@ryokufu.com［URL］http://www.ryokufu.com/

装　幀　斎藤あかね
制　作　R 企 画　印　刷　中央精版印刷・巣鴨美術印刷
製　本　中央精版印刷　用　紙　大宝紙業・中央精版印刷　E1200

　ISBN978-4-8461-1911-9　C0036